科学与中国

十年辉煌　光耀神州

航天与航空科学技术集

白春礼　主编

图书在版编目(CIP)数据

科学与中国:十年辉煌 光耀神州(10集)/白春礼主编. —北京:北京大学出版社,2012.10

ISBN 978-7-301-21103-8

I.科… II.白… III.①科技发展–成就–中国 ②技术革新–成就–中国 IV.① N12 ② F124.3

中国版本图书馆CIP数据核字(2012)第189567号

书　　　名:	科学与中国——十年辉煌 光耀神州(10集)
著作责任者:	白春礼　主编
丛 书 策 划:	周雁翎
丛 书 主 持:	陈　静
责 任 编 辑:	陈　静　李淑方　于　娜　郭　莉
	邹艳霞　刘　军　唐知涵　周雁翎
标 准 书 号:	ISBN 978-7-301-21103-8/G·3485
出 版 发 行:	北京大学出版社　　新浪官方微博:@北京大学出版社
地　　　址:	北京市海淀区成府路205号　100871
网　　　址:	http://cbs.pku.edu.cn
电　　　话:	邮购部 62752015　发行部 62750672
	编辑部 62767857　出版部 62754962
电 子 信 箱:	zyl@pup.pku.edu.cn
印 刷 者:	北京中科印刷有限公司
经 销 者:	新华书店
	650毫米×980毫米　16开本　200印张　1690千字
	2012年10月第1版　2013年5月第2次印刷
定　　　价:	860.00元(10集)

未经许可,不得以任何方式复制或抄袭本书之部分或全部内容。
版权所有,侵权必究
举报电话: 010-62752024　电子信箱: fd@pup.pku.edu.cn

编委会名单

主　编　白春礼

委　员（以姓氏笔画为序）

　　　　王　宇　　王延觉　　石耀霖　　叶培建　　戎嘉余
　　　　朱　荻　　朱邦芬　　朱雪芬　　刘嘉麒　　安耀辉
　　　　孙德立　　李　灿　　吴一戎　　何积丰　　张　杰
　　　　张启发　　陈凯先　　陈建生　　周其凤　　南策文
　　　　侯凡凡　　郭光灿　　曹效业　　康　乐

秘书处

　　　　周德进　　王敬泽　　刘春杰　　曾建立　　李　楠
　　　　邱成利　　刘　静　　李　芳　　欧建成　　丁　颖
　　　　赵　军　　谢光锋　　林宏侠　　马新勇　　申倚敏
　　　　张家元　　傅　敏　　向　岚　　高洁雯

序　言

　　十年前，由中国科学院牵头策划，并联合中共中央宣传部、教育部、科学技术部、中国工程院和中国科学技术协会共同主办的"科学与中国"院士专家巡讲活动拉开了帷幕。这项活动历经十载，作为我国的一项高端科普品牌活动，得到了广大院士和专家的积极响应，以及社会公众的广泛支持和热烈欢迎。十年来，巡讲团举办科普报告800余场，涉及科技发展历史回顾、科技前沿热点探讨、科学伦理道德建设、科技促进经济发展、科技推动社会进步等五个方面，取得了良好的社会反响，在弘扬科学精神、普及科学知识、传播科学思想、倡导科学方法等方面作出了突出的贡献。

　　"科学与中国"院士专家巡讲团由一大批著名科学家组成，阵容强大，演讲内容除涉及自然科学领域外，还触及科学与经济、社会发展等人文领域，重点针对"气候与环境"、"战略性新兴产业"、"科学伦理道德"、"振兴老工业基地"、"疾病传染与保健"等社会关注的焦点问题和世界科技热点,精心安排全国各地的主题巡讲活动。同时,该活动还结合学部咨询研究和地方科技服务等工作开展调查研究,扩大巡讲实效。近年来,巡讲团针对不同人群的需要,创新开展活动的组织形式,分别在科技馆和党校开辟了面向社会公众和公务员的"科学讲坛"科普阵地,举办了资深院士与中小学生"面对面"对话交流活动。这些活动的实施在激励青少年学生成长成才和献身科学事业、培养广大领导干部科学思维与科学决策、引导社会公众全面正确认识科学技术等方面都起到了积极作用。如今,"科学与中国"院士专家巡讲活动已经成为我国高层次的科学文化传播活动,是科学家与公众的交流桥梁,是科学真谛与求知欲望紧密联结的纽带,是传播科学的火种。

科技创新,关键在人才,基础在教育。进入21世纪以来,世界科技发展势头更加迅猛,不断孕育出新的重大突破,为人类社会的发展勾勒出新的前景,世界政治、经济和安全格局正在发生重大变化。随着人类文明在全球化、信息化方面的进一

序 言

步发展，国家间综合国力的竞争聚焦于科技创新和科技制高点的竞争，竞争的重点在人才，基础在教育。胡锦涛同志在2006年全国科学技术大会上曾经指出，要"创造良好环境，培养造就富有创新精神的人才队伍"。是否能源源不断地培养出大批高素质拔尖创新人才，直接关系到我国科技事业的前途和国家、民族的命运。由于历史的原因，作为一个人口大国，我国公众整体科学素养水平相对较低，此外，由于经济、社会发展不均衡，公众科学素养存在很大的城乡差别、地区差别、职业差别。所以，我国的科普工作作为公众科学教育的重要环节，面临着更加复杂的环境。中国科学院应当充分发挥自身的资源优势，动员和组织广大院士和科技专家以多种形式宣传科技知识，传播科学理念，积极开展科普活动，把传播知识放在与转移技术同样重要的位置，为培育高素质创新人才创造良好的环境条件并作出应有的贡献。

中国科学院学部联合社会力量共同开展高端科普工作的积极意义，不仅在于让公众了解自然科学知识，更在于提高公众对前沿科技的把握，特别是加深其对科学研究本身的思想、方法、精神、价值、准则的理解,这是对大中小学课程和社会公众再教育的重要补充。只有让公众理解科学,才能聚集宏大的人才队伍投身于科技创新事业,才能迸发持续不断的创新源泉,凝结为创新成果。

我们向社会公开出版院士专家的演讲报告文集,希望读者能够通过仔细阅读,深度体会科学家们的科学思想和科学方法,感受质疑、批判等科学精神和科学态度,理解科技的道德和伦理准则,把握先进文化和人类文明的发展方向,并在实际工作和社会生活中切实加以体会和运用。这也是中国科学院学部科学引导公众、支撑国家科学发展的职责之所在。

是为序。

2012年春

目 录

欧阳自远：月球探测的进展与我国的月球探测 / 1

王礼恒：中国航天技术的发展和未来展望 / 35

王永志：载人航天发展走向的思考 / 67

崔尔杰：空天技术的发展现状与未来展望 / 85

童庆禧：空间信息技术与社会可持续发展 / 115

陈建生：现代宇宙观 / 165

王　水：朝气蓬勃的空间物理学 / 195

杨　光：探索宇宙奥秘 / 221

陈懋章：科学精神和科学思维是航空科技创新的灵魂 / 237

顾逸东：载人航天与空间科学 / 275

路甬祥：从仰望星空到走向太空 / 313

月球探测的进展与我国的月球探测

欧阳自远

一、人类主要的航天活动
二、月球探测的历程与探测成果
三、新世纪初月球探测的趋势与前景
四、我国月球探测的发展战略与科学目标

【作者简介】欧阳自远,天体化学与地球化学家。原籍江西上饶,生于江西吉安。1956年毕业于北京地质学院。1961年中国科学院地质研究所研究生毕业。中国科学院地球化学研究所研究员,中国科学院国家天文台高级顾问。他负责我国地下核试验地质综合研究,系统开展各类地外物质(陨石、宇宙尘、月岩)、比较行星学、天体化学与地球化学的研究。建立了铁陨石成因假说、吉林陨石的形成演化模式与多阶段宇宙线照射历史的理论;提出了地球多阶段转变能的新的演化模式及地质体中宇宙尘的判别标志;补充并发展了太阳星云化学不均一性模式与理论;论证了中国K/T界面撞击事件,提出并证实了新生代以来6次巨型撞击诱发地球气候环境灾变的观点;论证了组成地球原始物质的不均一性、地球两阶段形成与多阶段演化及对成矿与构造格局的制约,提出了地球与类地行星的非均一组成与非均变演化的理论框架。近年来,他积极参与并指导了中国月球探测的短期目标与长远规划的制定,是中国月球探测计划的首席科学家。

1991年当选为中国科学院学部委员(院士),2004年当选为第三世界科学院院士。

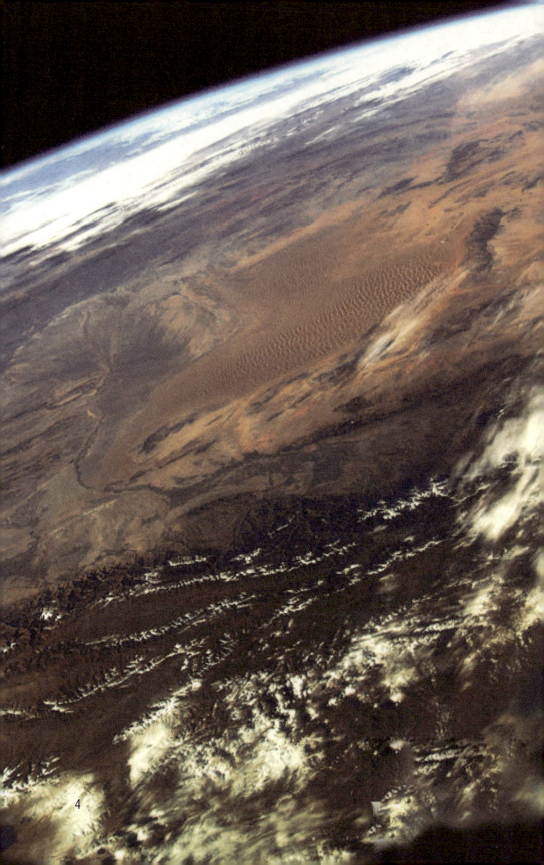

一、人类主要的航天活动

人类的航天活动大致可以分为三个方面。

1. 卫星的应用

现在人类发射的航天器已超过5000个,有气象卫星、通信卫星、资源卫星等等,中国大概占有1%的份额。所发射的卫星中大部分是军事卫星。另外,卫星在资源勘察、气象和灾害预报、全球通信、广播电视、导航定位等领域已得到广泛应用。所以航天科技的发展已经渗透到经济和社会生活的各个方面,大大提高了我们的生活质量,并有力推动了相关产业的快速发展。

2. 载人航天

现在共有900多人次已经进入过太空。2003年,杨利伟成为中国第一位进入太空的宇航员,我国成为第三个具有独立发射载人航天器能力的国家,这是我国航天事业取得的重大胜利。美国、俄罗斯、日本等16个国家将联合起来,到2010年建成国际空间站,在其中进行生命科学、空间科学、航天医学、微重力加工、商业产品开发等一系列的基础科学和应用开发的研究。

3. 深空探测

深空探测指的是脱离地球引力场，进入太阳系空间和宇宙空间的探测。其目标是以太阳系空间为主，为人类社会的可持续发展服务。深空探测是在卫星应用和载人航天取得重大成就的基础上，向更广阔的太阳系空间进行的探索，是人类社会的物质文明和精神文明发展的需要，是科学技术进步的必然趋势。目前的深空探测主要集中在以下四个重点领域。

（1）月球探测

这是深空探测的门槛，因为月球是离我们最近的天体，月球可以作为对地监测基地、科学研究基地、新的军事平台以及深空探测的前哨站和转运站。现在正在评

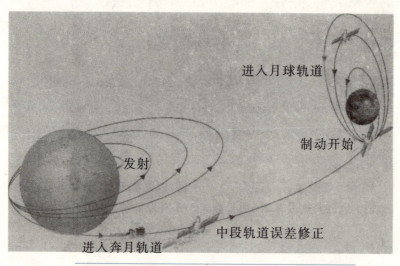

▲图1 "嫦娥一号"月球探测卫星的轨道示意图

估月球的资源和能源的开发利用前景,也许地球将来在某些方面要靠月球的支撑,才能长期、稳定、健康地发展下去。

(2)火星探测

火星是一个类似地球的行星,可以和地球进行对比研究。当前,火星探测的主要目的不是寻找火星上是否存在生命,因为已经知道火星表面现在没有水体和生命的活动,因此其最高目标在于探测过去是否存在水体和生命活动的信息,探索生命起源、行星形成和太阳系起源与演化。当然现在找到了很多水体存在的间接证据,但是仍然不知道什么时候有过水,更不知道是否有过生命。所以火星探测还有很漫长的道路。

(3)巨行星的卫星探测

巨行星的卫星一般相当于地球大小,现在所选择的几个探测对象,如土卫元、木卫二和木卫三等,目的也是探测水体及是否可能发育过生命,探索生命起源和太阳系的起源与演化。

(4)小行星与彗星探测

小行星与彗星是组成太阳系的原始物质,对它们的探测目的在于探索太阳系的起源与演化,研究防止小天体撞击地球的方案以及它们可能的开发利用前景。

因此,21世纪将是人类全面探测太阳系,以为人类社会可持续发展服务的新时代。

二、月球探测的历程与探测成果

自古以来,人们就对月球寄予了真情的遐想和充满诗意的赞美。起初,当一轮皎洁如玉的明月挂在夜空,人们只能靠肉眼观测月球并寄托自己的想象。直到16世纪望远镜问世以后,人类才能够用望远镜观察月球(观测的空间分辨率大于10千米),发现月球上有高山和广阔的平原,并布满了环形山。

真正对月球的了解是在20世纪50年代以后,月球探测进入空间探测阶段。月球是离地球最近的天体,历来是人类天文活动的首选目标,自然也是人类走出地球摇篮,迈向浩瀚宇宙的第一步。1959年至1976年,美国和苏联成功地发射了52个对月球的各种探测器。苏联的"月球号"拍摄了月球背面的照片,把月球的整个面貌展现在人们面前。1969年,美国的"阿波罗11号"实现了人类的梦想,人类的足迹第一次踏上了月球,人们才了解到月球的真实面貌。

1. 第一次探月高潮期(1959—1976)

(1)第一次探月高潮概况

在冷战背景下,美国和苏联展开了以月球探测为中心的空间竞赛,掀起了第一次月球探测高潮。自1959年至1976年,美国和苏联共发射了108个月球探测器,其中成功发射了52个,成功率为48.15%。1969年7月,美国"阿波罗11号"飞船实现了人类首次登月,阿波罗-12、14、15、16、17和苏联的月球号-16、20和24相继进行了载人或不载人登月取样,共获得了382千克的月球样品和难以计数的科学数据。月球探测取得了划时代的成就。

月球探测是人类进行太阳系探测的历史性开端,大大促进了人类对月球、地球和太阳系的认识,带动了一系列基础科学的创新,促进了一系列应用科学的新发展。月球探测,尤其是载人登月,是人类迈出地球摇篮的第一步,是整个人类历史进程的里程碑。人类在宇宙空间展示的智慧创举、超强能力和攀登精神,是人类开拓进取、求实创新的光辉范例,增强了人类探索宇宙、建设好地球家园的信心。月球探测成为人类历史和科学技术发展史上划时代的事件。

第一次月球探测高潮的最主要推动力是冷战和空间霸权争夺的政治需求。美国与苏联正是通过月球探测,建立和完善了庞大的航天工业和技术体系,有力地带动和促进了一系列科学技术的快速发展;月球探测技术在军事和民用领域得到延伸、推广和二次开发,形成了一大批高科技工业群体,包括微电子、计算机、遥感、遥测与遥控、微波雷达、红外与激光、超低温、超高温和超高真空技术,以及冶金、化工、机械、电子视听声像和信息传递等,产生了显著的社会效益和经济效益。据不完全统计,从"阿波罗计划"派生出了大约3000多种应用技术"成果"。在登月后的短短几年内,这些应用技术就取得了巨大的经济效益——在登月计划中每投入1美元就可获得4~5美元的产出。

(2) 第一次探月高潮取得的成果

人类通过对月球的探测,获得了极其丰富的数据,对月球的形状、大小、轨道参数、近月空间环境、月表结构与特征、月球的岩石类型与化学组成、月球的资源与能源、月球的内部结构与演化历史等方面的研究取得了一系列突破性进展,对月球的起源和地月系统的相互作用与影响获得了新的认识,主要表现在以下几个方面。

一是精确测定了月球的形状、大小和运行轨道。月球是一个南北极稍扁、赤道处略有膨胀的圆球体,它的极半径比赤道半径短约500米。月球的平均直径为3476千米,相当于地球直径的27%;质量为7.35×10^{22}千克,约为地球的1/81;体积只有地球的1/49;月球的表面积约为3800万平方公里,只有地球表面积的1/14,大约相当于中国陆地面积的4倍;月球的平均密度为3.34克/厘米^3,比地球的平均密度(5.52克/厘米^3)小得多;月球表面的引力也只有地球表面的1/6。月球围绕着地球以椭圆形轨道运行,其远地点为406700千米,近地点为

356400千米,与地球的平均距离为384403千米,大约相当于地球赤道长度的10倍。

二是测定了月球表面的气压、温差。月球表面基本上没有大气,表面气压仅为10^{-14}大气压量级。由于没有大气的热传导,月表平均温度为107℃(白昼)~–153℃(夜晚),向阳面与背阳面的温度为120℃~–150℃,夜晚和太阳不能照射到的阴影区的温度仅为–160℃~–180℃,最高与最低温度为130℃~–180℃,所以温差可以达到300℃以上。

三是测定了火星表面的大气状况。火星有非常稀薄的大气,火星表面平均温度为–33℃,日温差大于100℃,夏季温度达到17℃~22℃,冬季为–123℃~–133℃。火星表面温度及气压快速波动,在几分钟内地表温度变化可达20℃,气压变化也同样明显。所以火星也是一个比较严酷的、不利于生存的环境。

总之,月球表面是超高真空,而火星表面有非常稀薄的大气,相当于地球表面40公里高度的大气密度。天体表面的气体密度决定于它的质量,行星的质量愈小,对气体的捕获能力愈小,大气层愈稀薄。

尽管月球现在没有明显的磁场存在,但月球的岩石有极微弱的剩磁,磁化强度约2×10^{-6}~4×10^{-6}电磁单位/克,这表明月球可能曾经有过较弱的偶极磁场。

磁场的产生是由于在行星或卫星体内部有带电流

体的流动,而月球里面根本没有带电流体的流动,所以就没有磁场产生。可以推断月球在31亿年前磁场就消失了,那时月球内部就固化了,也就是说,月球现在其实是绕着地球旋转的一块大石头,月球本身的生命早就终结了。

火星不像地球有非常漂亮的南北极偶极磁场,而是有许多小偶极磁场,即多极子弱磁场。火星接近于老年了,能量接近衰竭。行星有起源、演化和衰亡的过程。行星质量愈小,内部愈早固化,愈早终结演化。行星磁场的演化趋势为:偶极子磁场—多极子弱磁场—无磁场。

行星的衰亡是指其内部能量的衰竭,而不是指表面。比如,地球表面的生机是由太阳控制的,但地球终究会有一日走到生命的终结,宁静地死去,那时没有地震,没有火山活动,没有板块运动,地球会更安静,但是表面也许会更繁荣。

月球表面的主要地形单元为月海盆地、月陆和撞击坑(图2)。月海是指地形相对低洼的大型盆地,月球正面的月海约占正面面积的一半,背面月海分布极少。据统计,月面上直径大于1千米的环形构造总数在33000个以上,总面积约占月球表面积的7%~10%。月面上直径大于1米的撞击坑总数可达3万亿个。这些撞击坑实际上是小天体撞击出来的坑。月球挡住了很多砸向地

月球探测的进展与我国的月球探测

▲图2 月球表面的撞击坑

球的小天体,自己被砸得千疮百孔,为保卫地球起了一定的作用。撞击作用导致大量岩石碎块溅射并堆积在盆地周围,形成围绕月海盆地的山系。月陆也称作高地,是月面最古老的地形单元,高地物质大部分是富含斜长石的深成岩。月球表面由岩石碎屑和尘埃组成的风化层(月壤)所覆盖,它是在月球地质历史时期由无数小天体撞击形成的。月壤由于长期接受太阳和宇宙线的辐射,因而储存了独特的太阳辐射历史,完整地记录了40亿年太阳活动的历史,这对了解地球的地质历史时期气候的变化是非常重要的。

月壤一般厚5～10米,明显地富集由太阳辐射注入的挥发性化学元素和同位素如H、He、N、C等,初步估算全月球月壤中^{3}He的资源量可达100万～500万吨。^{3}He是人类未来可长期使用的清洁、安全而廉价的可控核聚变燃料,其他副产品如氢、氮、二氧化碳等也将是月球基地生命保障体系的重要资源。

月球表面没有水体,月球的地质演化历史中也没有或只有极微量的水参与。月球的永久阴影区可能存在水冰。月球南北两极的月壤中可能存在水冰。它们是彗星撞击月球后,彗星的碎块溅射在撞击坑的永久阴影区中,得以长期保存。月球表面总共有大约66亿吨水冰,但我们认为它毫无价值,它并没有给人们带来任何乐观的前景,因为这不意味着以后登月可以不带水了,水冰收集和加工的代价太大。

现在大家最关心的是火星上有没有水。现在能找到很多证据,证明火星上曾经存在过水体,但是现在水到哪儿去了?什么时候有水的活动?这些都不知道。因为要把火星上的石头带到地球上才能测出什么时候有过水的活动,然后再来推测那个时候火星上有没有生命。木卫二、木卫三、土卫六可能有甲烷的河流、湖泊或地下海。要找到生命存在的痕迹大概只有火星和这几个小卫星,太阳系的其他地方不可能有生命存在。

月球上没有生命,没有活动的有机体或化石。大量的测试表明,所有月球样品中都没有生命存在的证据,它不含有活动的有机体,或它本身固有的有机化合物。

有一块石头引起了全世界的争论,这块石头是1984年在南极找到的,是从火星上掉下来的一块石头。石头里有一些奇怪的小虫子形状的"化石",美国宣布它是细菌化石,因此说火星上曾经发育过细菌,曾经存在过生命。这是36亿年前的石头,也就是说,假如36亿年前火星上有生命,则它的生命的水平是细菌。那时地球的生命水平也是细菌,可以说是那时地球上的细菌一直发展到现在形成了生机勃勃的生物圈和人类。为什么生命在火星上得不到繁衍?火星上生命起源的环境与过程是怎样的?是火星的生命(细菌)带给了地球,还是地球的生命带给了火星?或者地球和火星各自产生过生命？这些问题仍是未解之谜。

月球和地球在成因上是相互联系的,它们都是由相同的物质"原料"(元素)以不同的比例"混合"形成的。虽然组成月球和地球的化学元素相同,但月球更富含难熔元素,缺乏铁和挥发性元素。所有的月球岩石都是通过高温的内生过程(岩浆或火山作用)形成的。月岩可粗略地分为三类:玄武岩、斜长岩和角砾岩。

在月岩中已发现100多种矿物,其中绝大多数矿物的成分和结构与地球的矿物相同,只有静海石等5种矿物在地球上未发现过。月球矿物普遍不含水,矿物中的变价元素多为低价元素,如铁多为0价或2价铁,表明月球矿物是在缺水和还原的条件下形成的。

月球有一个厚的月壳(60千米),一个相当均一的岩石圈(60~1000千米深度)和一个部分液化的岩流圈(1000~1740千米深度)。在岩流圈的底部可能存在一个小的铁核或硫化铁核,但其存在与否尚未得到证实。

月球在总体形态上有轻微的不对称现象,这可能是地球重力影响的结果。月壳在月球背面较厚,而大部分火山熔岩充填的大型月海盆地和质量瘤(大的质量密集区)多存在于月球正面。在月球的内部,质量并不是均匀分布的,质量瘤位于许多大型月海盆地的表面之下。

现在的月球是一个古老的、"僵死"的星体。月球的内部能量已近于衰竭,表面热流仅为$2\mu W/cm^2$,内部的地温梯度也很小。月震释放的能量小于106J/h,每年月震释放的能量仅相当于地震的一亿分之一。自31亿年前以来,月球没有发生过显著的火山活动和构造运动。因此,月球的"地质时钟"停滞在31亿年之前,至今仍保留了其早期形成时的历史状况。

月球在46亿年前形成,和地球同龄,所有太阳系的天体都是那个时候形成的。月球的主要内部能量已于31亿年以前释放殆尽,地球还要有45亿年的生命。到那个时候将是什么景象?现在的月球给了我们一个示范,那时的地球的内部就像现在的月球一样。当然,太阳的生命将更长,地球的表面仍然是很繁荣的,这跟地球内部的能源没有太大关系。

根据对月球各类岩石的成分、结构与形成年龄的研究,月球演化历史的重大事件可归纳为以下几个阶段:

① 月球的形成年龄约45.6亿年。

② 月球形成后曾发生过较大规模的岩浆洋事件,通过岩浆的熔离过程和内部物质调整,于41亿年前形成了斜长岩月壳、月幔和月核。

③ 在40亿～39亿年前,月球曾遭受到小天体的剧烈撞击,形成了广泛分布的月海盆地,称为雨海事件。

④ 月海泛滥事件:在39亿～31.5亿年前,月球发生过多次剧烈的火山活动和玄武岩喷发事件,大量玄武岩充填了月海,厚度达0.5～2.5千米。

⑤ 31.5亿年以来,月球内部的能源逐渐枯竭,再也没有发生过大规模的岩浆火山活动与月震,但小天体的撞击仍然不断发生,形成具有辐射纹及重叠的撞击坑,使月面斑驳陆离、千疮百孔。

月球起源的理论主要有四种假说:① 捕获说;② 共振潮汐分裂说;③ 双星说;④ 大碰撞分裂说。近年来,"大碰撞分裂说"获得了大量的证据并得到了大多数学者的支持。

总之,现在的月球内部能量已近于衰竭,月震和表面热流均极小。月球的"地质时钟"停滞在31亿年之前,这对研究地球早期演化历史具有重要意义。火星是一个老态龙钟接近死亡的天体,而地球仍然是生机勃勃的、处于壮年期的天体。

类地行星与卫星的演化和质量有关,质量越大,内部储存的能量及产生的能量也越多,所以维持的生命更长。这跟恒星相反,恒星是质量越大、生命越短。

2. 月球探测宁静期(1976—1994)

自1976年以来,延续约18年没有进行过任何成功的月球探测活动,其原因可能是:随着冷战形势的缓和、苏联的解体,空间霸权的争夺有所缓解;需要总结探测活动耗资大、效率低、探测水平不高的经验与教训,提出新的探测思路和战略;以月球探测获得的技术为基础,将月球探测技术向各领域转化、推广和应用,完善航天技术系统,研制新的空间探测技术,如往返运输系统、高效探测仪器等,为进一步开发利用地外资源进行科学和技术准备;需要较长时间进行探测资料的消化、分析与综合,将月球科学研究提高到更高理性认识的阶段。

3. 重返月球期(1994—)

（1）重返月球进展概况

1986年,空间探测技术和月球科学研究达到了新的阶段,对月球进行科学的、理性的探测时机已经成熟,美国航空航天局(NASA)开始构思重返月球的计划。1989年7月20日,美国总统布什宣布:"在即将到来的10年里,我们努力的目标是'自由号'太空船;然后,在新的世纪,我们要重返月球,重返未来,而且这一次要待下去。"要待下去开发利用月球矿产资源、能源和特殊环境,建设月球基地,为人类社会的可持续发展服务,已成为新世纪月球探测的总体目标。

1994年和1998年,美国分别成功发射了"克莱门汀号"和"月球勘探者号"月球探测器,对月球形貌、资源、水冰等进行了探测,标志着"又快、又好、又省"的空间探测战略的实施,奏响了人类重返月球、建立月球基地的序曲。

2004年1月14日,美国总统布什宣布了美国新的太空计划,其中提出在2008年前开始发射无人探测器到月球,进行系统的月球探测;2020年前重新载人登月,在月球上长期居留;以月球为跳板,2030年把宇航员送上火星乃至更遥远的宇宙空间。各国的评论一致认为,美国新太空计划的目标是控制能源、军事优先。欧洲空间局根据美国新的重返月球计划,迅速调整月球探测计划,2020年前进行不载人月球探测,2020—2025年实施载人登月,在月球上长期居留,2035年把宇航员送上火星。

重返月球首先是在现有技术条件下,以月球资源、能源、特殊环境和利用月球走向深空探测为目标,重新对月球进行全球性、综合性和整体性的探测,进而载人登月,逐步开展深空探测。美国、印度、俄罗斯、日本、乌克兰、奥地利、英国、德国、巴西和欧洲空间局等国家和组织都制订了相应的月球探测计划,并在积极实施中。

(2)重返月球和建立月球基地的原动力

首先,重返月球是社会发展的需求。重返月球,建立永久基地,是人类开发太空资源、拓展生存空间至关重要的第一步。通过这一系统工程,人类可以学会如何"离开地球家园",建立像南极类型的永久研究站,在地球以外空间生产产品和发展工业,建设能够自给自足的地外家园。

其次,重返月球是科学和技术发展的需求。20世纪六七十年代的探月工程证实,空间探测是一个具有极高产出率的项目,它实现的真正价值往往远远高于工程本身。月球探测可以成为科学和技术的"孵化器"。

再次,重返月球是空间科学技术发展的需求。重返月球是空间探测发展的必然,月球将是人类长期进行深空探测的前哨站和转运站。随着技术的不断成熟,可以在月球基地上建设空间加"油"站和发射场。月球是一个庞大的"太空实验室",可开展一系列天文学、空间科学、近代物理学、生物工程学等方面的研究,研制和生产一系列特殊生物制品和特殊材料。

复次,重返月球是空间军事活动发展的需求。月球将被用作空间新概念武器平台和对地球监视的基地,是实现制"天"权的重要步骤。

最后,月球蕴藏有丰富的矿产资源和能源,可为人类社会可持续发展提供资源储备,这一因素是重返月球最主要的原动力。

三、新世纪初月球探测的趋势与前景

未来的月球探测将主要侧重于:一是月球能源资源的全球分布与利用;二是月球矿产资源的全球分布和利用;三是月球特殊空间环境资源(超高真空、无大气活动、无磁场、地质构造稳定、弱重力、超洁净)的开发利用,建立月基天文台,建立特殊生物制品和特种新型材料生产基地,建立基础科学实验室等;四是建立月球长期居留基地并逐步实施利用月球进行深空探测的方案。

1. 月球将为人类社会提供长期、稳定、廉价和洁净的核聚变燃料

月球上可利用的能源主要有太阳能和核聚变燃料氦-3。由于月球表面没有大气,太阳辐射可以长驱直入;同时,月球上的白天和黑夜都相当于14个地球日,因此在月球表面建立全球性的并联式太阳能发电厂,可以获得极其丰富而稳定的太阳能。这不但解决了月球基地的能源供应问题,还可以用微波将能量传输到地球,为地球提供新的能源。

月球表面都覆盖着一层由岩石碎屑、粉末、角砾、撞击熔融玻璃等成分极为复杂的物质组成的结构松散的混合物,即月壤。月壤中绝大部分物质是就地及邻近地区物质提供的。由于月球几乎没有大气层,月球表面长期受到微陨石的冲击及太阳风粒子的注入,太阳风粒子的注入使月壤富含稀有气体组分。由于太阳风离子注入物体暴露表面的深度一般小于 $0.2\mu m$,因此这些稀有气体在细粒月壤中平均含量最高,有些月壤细粒粉末中稀有气体含量高达 $0.1\sim 1cm^3/g$(标准状态下),相当于 $10^{19}\sim 10^{20}$ 原子$/cm^3$。在整个月球演化史中,由于外来物体对月球表面的频繁撞击,月壤物质几乎完全混合,在深达数米的月壤中,这些稀有气体的含量较均匀。

在月壤的稀有气体中,最让我们感兴趣的是氦-3。因为,相比目前正加速发展的利用氘和氚反应的热核聚变装置来说,用氘和氦-3来进行核聚变反应具有比用氘和氚作燃料有更多的优点,主要表现在:①反应产生的能量更大;②在传统的氘核反应过程中,伴随核聚变能的产生,要产生大量的高能中子,而这些中子能够对核反应装置产生广泛的放射性损伤,若用氦-3作为反应物,则主要产生高能质子而不是中子,对环境保护更为有利;③氚本身具有放射性,而氦-3则没有。

月壤中氦-3的资源量对未来人类开发利用月球能源具有极重要的意义。由于月壤中氦-3的含量较为稳定,只要能够精确探测月壤的厚度,就可以估算出月壤中氦-3的资源量。以"阿波罗"和"月球"探测器的实测结果为参考标准计算,月壤中氦-3的资源总量可达100万～500万吨。而地球上天然气可提取的氦-3是非常少的,只有15～20吨。

建设一个500MW的氘-氦-3核聚变发电站,每年消耗的氦-3仅需50千克。如果美国全部采用氘-氦-3核聚变发电,年发电总量仅需消耗25吨氦-3,而中国大约需要8吨氦-3,全世界的年总发电量约需100吨的氦-3,也就是说,月壤中的氦-3可供地球能源需求达万年之久。因此,开发月壤中所蕴涵的丰富的氦-3对人类未来能源的可持续发展具有重要而深远的意义。

据计算,氦-3的能量回报率为270,原子能发电的能量回报率为20,煤为16。氦-3可作为一种清洁、高效、安全的核聚变发电燃料是毋庸置疑的。当前,可控核聚变工业发电尚未实现,从月球上运回氦-3成本过高。由于目前技术条件和经济发展等诸多条件的制约,利用月壤中氦-3来进行发电看起来是难以想象的,但随着可控核聚变发电的商业化,航天科技的发展和进步,航天运输成本将日益降低,当地月之间的运输成本降低到我们可以接受的程度时,利用氦-3发电将成为理所当然和历史潮流的必然。人类要开发月球,建立月球基地,必然要在月球上获取生命维持系统的各种气体,如 O_2、CO_2、N等,而氦可以作为副产品来进行开发,这样会进一步降低成本。

2. 月球的金属矿产资源将是地球资源的重要储备和支撑

（1）月海玄武岩中的钛、铁等资源

月面上有22个月海,除东海、莫斯科海和智海位于月球的背面外,其他19个月海都分布在月球的正面。月海中的玄武岩含 TiO_2 的含量范围为0.5%~13%。月球上22个月海中所充填的玄武岩总体积约106万立方千米。若以钛铁矿含量超过8wt%,即 TiO_2 的含量>4.2wt%

的月海玄武岩进行估算，月海玄武岩中钛铁矿（$FeTiO_3$）的总资源量约为1300万～1900万亿吨。尽管上述估算带着很大的推测性与不确定性，但可以肯定的是，月海玄武岩中所蕴涵的丰富的钛铁矿是未来月球开发利用的最重要的矿产资源之一。

（2）克里普岩与稀土元素、钍、铀等资源

克里普岩（KREEP）是高地三大岩石类型之一，因富含K（钾）、REE（稀土元素）和P（磷）而得名。克里普岩在月球上分布很广泛。富钍、铀的风暴洋区的克里普岩被后期月海玄武岩所覆盖，克里普岩与月海玄武岩混合并形成了高钍、铀物质，其厚度估计有10～20千米。风暴洋区克里普岩中的总稀土元素资源量约为225亿～450亿吨。克里普岩中所蕴涵的丰富的钍、铀和稀土元素也是未来人类开发利用月球资源的重要矿产资源之一。

此外，月球还蕴藏有丰富的铬、镍、钾、钠、镁、硅、铜等金属矿产资源，将会为人类社会的可持续发展作出贡献。

（3）月球表面特殊空间环境的利用

月球几乎没有大气层，属于超高真空状态，因而月球表面不会有大气的吸收、反射与散射等干扰；由于没有大气的热传导，月球表面昼夜温差极大；月球没有全球性的磁场，月岩只有极微弱的剩磁；月球的内部能量已近于衰竭,内部的地温梯度也很小,月震释放的能量仅相当于地震的一亿分之一;月球地质构造极其稳定,自距今31亿年以来,没有发生过显著的火山活动和构造运动。因此,月球的"地质时钟"停滞在31亿年之前,至今仍保留了其早期形成时的历史状况;月球表面还具有高洁净、弱重力的特征。

上述所有这些特征,是地球上没有的。因此,在月球表面建立月基天文观测站和研究基地,技术要求比哈勃太空望远镜更低,而精度比后者高得多,月基天文观测站的运行和维护费用也会低得多。月球上的天文观测站是月球基地的重要组成部分,它不仅可以对太阳系、银河系天体和星际空间进行观测研究,而且是进行太阳物理学、天体物理学观测和实验最有吸引力的场所。在月面建立月基对地监测站,可以对地面的气候变化、生态演化、环境污染和各种自然灾害进行高精度的观察和监视,为人类的可持续发展作出贡献。

月球的特殊环境为研制特殊生物制品和特殊材料开拓了广阔而诱人的前景,目前已提出庞大的需要在月球基地内研制的生物制品与特殊材料的清单。月球将成为新的生物制品和特殊材料的研制、开发和生产的基地。

月球是地球唯一的天然卫星,是人类唯一的、庞大而稳固的"天然空间站",是人类征服太阳系、开展深空探测的前哨阵地和转运站。在月球上建立永久性"地球村",是人类向外层空间发展的第一个目标,也是最关键的一步,而重返月球计划旨在建设一个具有生命保障系统的受控生态环境的月球基地,进行月面建筑、运输、采矿、材料加工和各项科学研究,为将来建设适于人类居住的"月球村"进行科研和技术准备,使月球最终成为一个庞大、稳固而功能齐全的"天然空间站",成为人类共有的科学实验室和开展深空探测的研究试验基地、前哨阵地和物资转运站。因此月表与月球的空间环境具有巨大的利用前景。

可以看出,月球的矿产资源、能源资源和特殊环境资源将对人类社会的可持续发展发挥长期稳定的支撑作用,地月系不仅是一个统一的自然体系,而在人类社会的可持续发展方面,也将构成一个统一的整体。

四、我国月球探测的发展战略与科学目标

1. 开展月球探测是我国航天活动发展的必然选择

综观世界航天活动的发展态势,重返月球、开发月球资源、建立月球基地已成为世界航天活动的必然趋势和热点。我国在发展人造地球卫星和载人航天之后,与时俱进,适时开展以月球探测为主的深空探测,是我国科学技术发展和航天活动的必然选择,也是我国航天事

业持续发展,有所作为、有所创新的重大举措。

(1)月球探测将成为我国空间科学和技术发展的第三个里程碑。发射人造地球卫星、载人航天和深空探测是航天活动的三部曲。我国在应用卫星方面已有30多年的成功经验,成果令人瞩目;随着载人航天取得重大的突破,目前唯剩深空探测尚未开展。纵观世界航天活动的发展历程,深空探测是航天活动的第三个重要领域,世界主要航天国家和组织都在实施或计划开展以月球探测为主的深空探测。我国作为世界大国和主要航天国家,开展月球探测是航天活动发展的必然选择,理应在月球探测领域占有一席之地,并有所作为。

(2)月球探测是一个国家综合国力和科学技术水平的重要体现,开展月球探测工作有利于进一步牢固确立我国的大国地位,扩大我国在全球的影响。

(3)月球探测能极大地增强民族凝聚力。从历史角度来看,我国航天发展史中两个重要的里程碑——第一颗人造地球卫星和第一艘载人实验飞船的成功发射,极大地鼓舞了全国各族人民和海内外华人的斗志,增强了中华民族的自豪感和凝聚力。开展月球探测必将实现炎黄子孙的梦想,更大地增强民族凝聚力和自豪感,成为中华民族伟大复兴的一个重要标志性工程。

(4)月球探测可以成为我国新的科技生长点,有利于推动科教兴国方针的贯彻实施,促进高新技术的全面发展，推动基础科学的创新和发展。

（5）21世纪，人类将重返月球。人类经过深入的研究发现，月球具有丰富的资源和可利用的巨大战略价值，世界各国对月球资源的争夺将越来越激烈。开展月球探测，将提高我国认识月球、开发利用月球资源的能力，对维护我国在月球上的权益具有重要的战略意义。

当前，正值国际上重返月球计划尚未全面开展之际，我们必须与时俱进，抓住机遇，尽快启动我国月球探测工程。我国的月球探测起步晚，但可以在较高的起点上迎头赶上，确保我国在国际月球探测活动中占有一席之地。

2. 我国月球探测工程的发展规划设想

我国开展月球探测工程应紧密结合我国国情和月球探测工程的特点；应服从和服务于科教兴国战略和可持续发展战略，以满足科学、技术、政治、经济和社会发展的综合需求为目的，把推进科学技术进步的需求放在首位，力求发挥更大的作用；要坚决贯彻"有所为，有所不为"的方针，制定目标，突出重点，集中力量，在关键领域取得突破；我国月球探测工程起步晚，要借鉴国外月球探测工程的经验和教训，优选探测目标，力求高起点进入国际主潮流，有一定的先进性和创新性，形成自己的特色，作出应有的贡献；充分利用我国在开展人造卫星工程、载人航天工程和空间科学研究等方面创造的条件和取得的成果,加强系统设计创新和必要的技术攻关,在求实创新的基础上,实施"又快、又好、又省"的发展策略,探索更加经济、更加高效的月球探测工程发展道路;采取短期目标与长远目标相结合、单一任务与综合性计划相结合、循序渐进与分阶段发展相结合、各阶段相互有机衔接的发展策略,以实现持续、协调的发展。

综合分析国际上月球探测已取得的成果,以及世界各国"重返月球"的战略目标和实施计划,考虑到我国科学技术水平、综合国力和国家整体发展战略,近期我国的月球探测应以不载人月球探测为宗旨,可分为三个发展阶段:

第一阶段:环月探测。研制和发射我国第一个月球探测器,对月球进行全球性、整体性与综合性探测。其主要目标是:获取月球三维立体图像;对月球表面的环境、地貌、地形、地质构造与物理场进行探测;勘察月球14种有用元素的分布特点与规律;勘测月壤的特征与厚度并估算氦-3的分布与资源量;探测地月空间环境。

第二阶段:月面软着陆器探测与月球车月面巡视勘察。发射月球软着陆器,试验月球软着陆和月球车技术,就地勘测着陆区区域的地形、地貌、地质构造、岩石成分与分布,就位探测月壤层和月壳的厚度与结构,记录小天体撞击和月震,开展月基极紫外、低频射电和光学天文观测,并为月球基地的选择提供基础数据。

第三阶段:月面自动采样返回。发射小型采样返回舱,采集关键性月球样品返回地球,进行系统深入研究。

我国在基本完成不载人月球探测任务后,根据当时国际上月球探测发展情况和我国的国情国力,可进一步研究拟定我国载人月球探测战略目标和发展规划,择机实施载人登月探测以及与有关国家共建月球基地。

3. 我国月球探测卫星——"嫦娥一号"的科学目标

我国的第一个月球探测卫星应在确保成功的基础上,优选探测目标,确保重点,探测内容既要与国际接轨,又要具有特色,不完全重复其他国家已做过的工作,为月球研究和"重返月球"提供前所未有的新资料,奠定我国月球探测和深空探测的地位和特色。

(1) 获取月球表面三维影像

获取月球表面三维影像,精细划分月球表面的基本构造和地貌单元;进行月球表面撞击坑形态、大小、分布、密度等的研究,为类地行星表面年龄的划分和早期演化历史研究提供基本数据;划分月球断裂和环形影像纲要图,勾画月球地质构造演化史;为月面软着陆区选址和月球基地的位置优选提供基础资料。

(2) 分析月球表面有用元素含量和物质类型的分布特点

勘探月球表面有开发利用前景的14种元素(钛、铁、钍、铀、钾、氧、硅、镁、铝、钙、钠、锰、铬、稀土元素)的含量与分布,其中有9种元素是我国首次进行探测,获取14种有用元素的分布图;根据元素分布的特点和高光谱数据,确定克里普岩、斜长岩和玄武岩的类型与分布;发现各元素在月表的富集区,评估月球矿产资源(Fe、Ti等)的开发利用前景。

月球表面物质是研究月球形成和演化历史最为直接的对象,因此,月球表面元素丰度、岩石类型及其全球分布的探测和研究,是月球资源探测的主要途径和最重要的主题。通过对月岩及其分布的研究,为未来开发和利用月球的资源(如铁、钛和稀土元素)提供依据,为研究太阳系和地月系的起源方式与演化过程提供直接和有效的科学证据。

(3) 探测月壤特征与厚度

利用微波辐射技术,获取月球表面月壤的特征和厚度数据,这也是国际上第一次进行全月球的月壤厚度测量。获取月球表面月壤厚度的数据,从而获得月球表面年龄及其分布,估算月球表面氦-3的分布及资源量。

(4) 探测地月空间环境

月球与地球的平均距离约为38万公里,处于地球磁场空间的远磁尾,在向阳面可穿出地磁场磁层顶,感受行星际空间环境(如原始太阳风、太阳宇宙线及行星际磁场)。探测太阳宇宙线高能带电粒子和太阳风等离子体,研究太阳风和月球以及磁尾和月球的相互作用,对深入认识这些空间物理现象对地球空间以及对月球空间的影响有深远的科学意义。通过对月球卫星轨道参数的高精度测量和科学分析,研究月球质量分布的不均一性。

通过月球探测一期工程实现的工程目标有:

(1)突破月球探测的关键技术。主要包括研究地月飞行技术,验证航天器飞出地球并进入其他天体引力场的轨道设计与GNC系统技术;实施远距离测控和通信,为深空测控与通信打下技术基础;研究月球飞行的热环境条件,验证航天器的热设计,探索深空探测器的热控解决途径等。

(2)初步建立我国的月球探测工程大系统。包括运载火箭、卫星、发射场、地面测控系统和地面应用系统,根据月球探测的特点进行相应的整合与适应性修改,初步建立适应未来发展的工程大系统。

(3)验证各项关键技术,获取月球探测的宝贵工程实践经验,为未来探测积累技术基础;

(4)初步建立我国月球探测技术研制体系,培养相应的人才队伍,推动月球探测活动的进一步开展。

4. 我国完全具备开展月球探测的能力

我国已经建立起了完整配套的航天工程体系,这些基础设施和研制条件为我国开展月球探测工程奠定了必要的物质基础。经过多年可行性论证,我国月球探测的总体战略和科学目标已经明确。东方红-3号(DFH-3)可以作为月球探测卫星平台,各分系统也基本采用其他卫星的成熟技术。长征-3甲(CZ-3A)运载火箭可以满足发射月球探测卫星的要求。我国现有的S频段航天测控网,在甚长基线干涉(VLBI)天文测量网的配合下,可以完成首期月球探测的测控任务。我国具备了月球探测数据的接收、处理、储存、解译和科学应用能力。

总之,我国已经具备了开展月球探测一期工程的能力和条件,完全可以利用现有设备和条件,大部分采用现有的成熟技术,不存在无法攻克的技术难题,不会出现颠覆性的技术问题。我国开展的月球探测工程,科学目标明确、先进,有创新性,投资有限,风险较小,是一项影响深远的国家标志性工程。

中国航天技术的发展和未来展望

王礼恒

一、世界航天发展历程
二、中国航天的成就
三、未来发展展望
四、结束语：继承、发扬"两弹一星"精神
　　和载人航天精神，再铸辉煌

【作者简介】王礼恒,导弹动力技术和航天工程管理专家。江苏镇江人。1938年12月出生,1962年毕业于上海交通大学。曾任航空航天部总工程师、副部长,中国航天科技集团公司总经理。现任国际宇航科学院院士、中国工程院工程管理学部主任等职。

  长期从事导弹动力研究和航天工程管理。主持我国第一个海防导弹固体发动机的研制,成功用于反舰导弹,取得重大技术跨越。任航空航天部"五星工作组"组长,实现首次一年发射五颗卫星全部成功。任我国载人航天工程副总指挥,领导和组织试验飞船、运载火箭的研制与试验,完成了"神舟一号"、"神舟二号"的发射和回收。同时任中国航天科技集团公司武器装备研制第一责任人,实现了国防重点武器装备首飞及试验连续成功,完成了新型号立项及重要阶段研制任务,实现5种新型卫星首次发射均获成功。领导和组织完成了多项重大航天工程的立项与实施,积极推进航天工程管理创新,为我国航天事业的持续发展作出了重大贡献。获"国家科技进步奖"特等奖两项。

2003年当选为中国工程院院士。

一、世界航天发展历程

20世纪初,随着科学技术的发展,现代航天技术开始萌芽,历史上有三位重要的科学家为航天技术的发展开辟了道路。其中俄罗斯的齐奥尔科夫斯基于1903年发表了名为《利用喷气工具研究宇宙空间》的文章,深入论证了喷气工具用于星际航行的可行性。他奠定了火箭和液体火箭方面的理论基础。他非常有名的一句话是:"地球是人类的摇篮,人类绝不会永远躺在这个摇篮里,而会不断地探索新的天体和空间。人类首先得小心翼翼地穿过大气层,然后再去征服太阳系空间。"第二位就是美国的戈达德。他于1926年研制了世界上第一枚液体燃料火箭,飞行了2.5秒,12米高,50米远。这个是火箭技术奋进的开端,他是第一个火箭理论的实验者,被称为"美国火箭之父"。第三位是布劳恩,在"二战"期间,他在德国带领一批科学家研制了现代导弹V-2,就是当年德国攻打伦敦时用的V-2。V-2导弹成为航天技术的一个里程碑。布劳恩后来成为美国"阿波罗登月计划"的开创者。

在"二战"以后,出于政治和军事的需要,各个大国发展了导弹技术。20世纪五六十年代,在战略导弹技术的基础上,发展了运载火箭,并开始发展人造卫星技术。六七十年代,将人送入太空,送上月球。从20世纪80年代至今,航天技术蓬勃发展。它的标志是:第一,运载火箭逐渐成熟,形成系列,并开始商业发射服务;第二,应用卫星多样化,卫星应用产业化;第三,载人航天技术取得重要进展;第四,深空探测发展迅速,向太阳系内外多次发射探测器。

下面介绍一下运载火箭和卫星。

首先讲讲运载火箭。美国形成了"德尔它"、"宇宙神"、"大力神"三个系列的运载火箭。"德尔它4H"运载火箭的地球同步转移轨道运载能力达到13.1吨,是目前世界上运载能力最大的运载火箭之一。

俄罗斯形成了"质子号"、"天顶号"等系列运载火箭。其中,三级"质子"K型火箭的地球轨道运载能力达到22吨。

欧洲研制了"阿利安"系列运载火箭。其中"阿利安"5型运载火箭可以把10吨左右的单星和双星送到地球的同步转移轨道。

日本研制了H系列火箭,它现在用的是H-2运载火箭。

这里补充一下航天器的分类。按用途分,我们可以看看下面的树状图:

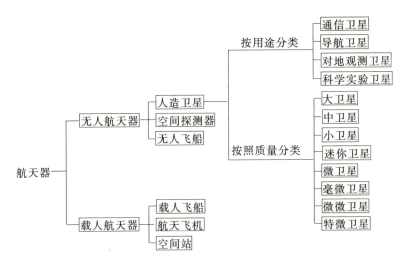

按型号分,又可以分为大型、中型、小型等。

咱们再来讲讲应用卫星的多样化、产业化。先介绍一下世界第一颗地球卫星。这是在1957年10月4日由苏联发射的。苏联在拜科努尔航天中心用"卫星号"运载火箭成功地发射了人类第一颗人造地球卫星——"伴侣1号",这标志着人类航天时代的真正到来。

对地观测卫星:1972年美国发射了世界第一颗地球资源卫星——"陆地卫星1号",主要用于观测农作物、植被、能源环境和地质变化等。1978年美国发射了世界第一颗海洋资源卫星——"海洋卫星1号",可在各种天气里观察海水特征,测绘航线,寻找鱼群,测量海浪、海风等。

通信卫星:1977年,美国休斯公司HS-376型卫星投入使用,成为当时主要的商用通信卫星。1983年,美国发射了第一颗跟踪与数据中继卫星。1998年,"铱"星系统进入应用,开启了全球的移动通信新时代。

导航空位卫星:1982年苏联开始建立"GLONASS"全球卫星导航系统。1989年美国发射第一颗GPS工作星,1994年3月GPS导航星座建成并开始提供服务。1999年欧洲正式推出"伽利略"导航卫星系统计划。

然后来讲讲载人航天技术取得的重要进展。1961年4月12日,苏联的尤里·阿列克谢耶维奇·加加林成为世界上第一位进入太空轨道飞行的人。

第一次将人送上月球是在1969年7月20日,这一天,美国宇航员阿姆斯特朗乘坐"阿波罗11号"飞船抵达月球,实现了人类首次登月的壮举。

航天飞机是一种可重复使用的航天运载器,任务是向空间站接送宇航员和运送补给。目前主要有美国的"哥伦比亚号"、"挑战者号"、"发现号"、"奋进号"、"亚特兰蒂斯号"和俄罗斯的"暴风雪号"。1981年4月12日至14日,美国"哥伦比亚号"首次飞行成功。1988年11月15日,苏联"暴风雪号"航天飞机执行了首次也是唯一的一次飞行任务(无人)。"哥伦比亚号"和"挑战者号"由于事故而炸毁,"暴风雪号"则由于经济问题而停止运行。被人们长久关注的美国"发现号"航天飞机复航,从发射到返回一波三折,经过15天的艰难考验,终于尘埃落定,在2005年8月9日完成了它的飞行使命。"发现号"的复飞,使人们走出了两年半以前"哥伦比亚号"爆炸的阴影,有利于恢复人们对载人航天的信心。

载人航天里还有一种是空间站。1971年,苏联发射了世界第一个空间站——"礼炮1号"。1986年,苏联的"和平号"空间站开始服役,2001年退役,共进行了16500次科学实验。1984年,美国、日本、加拿大、欧洲空间局等国家和组织参与建设国际空间站,国际空间站已于2011年组装完成。

最后来讲讲深空探测的发展。1961年,苏联"金星1号"探测器发射成功,这是人类首次向太阳系其他行星发射探测器。1972年,美国向木星发射的"先驱者10号"是第一个到达木星和木星卫星的探测器。1977年,美国发射了行星和行星际探测器"旅行者1号"和"旅行者2号",主要目的是详细观察木星、木星卫星、土星、土星卫星及土星环。

2004年1月3日美国"勇气号"(Spirit)火星探测器成功登陆火星,获得前所未有的发现,大大增进了人类对空间探测的信心(见图1)。

2004年1月14日,美国总统布什宣布了美国新的太空发展计划,提出了三个目标:第一个目标,2010年完成国际空间站全部建设,届时航天飞机将退役;第二个目标,2008年之前研制和试验一种新的太空飞船,并且在

▲图1 "勇气号"火星探测器　"勇气号"拍摄的火星表面照片

2014年前进行第一次载人航天飞行;第三个目标,2020年前重返月球,下一步太空探索是将人类送上火星甚至更远的星球。

2005年1月14日"惠更斯号"探测器成功登陆土卫六,创造了人类探测器登陆其他天体最远距离(约35亿千米)的新纪录。

2005年8月12日,"火星探测轨道飞行器"发射升空。该探测器是迄今最大的火星探测飞行器,任务是探测火星上的水资源和生命线索,并为未来的火星登陆寻找合适的地点。"火星探测轨道飞行器"的探测能力将超过目前正在考察火星的所有探测器的总和,这包括"火星环球勘测者"、"奥德赛"探测器、"火星快车"探测器以及在火星表面的"勇气号"、"机遇号"两辆火星车。

深空探测也包括深度撞击。2005年7月4日,美国航空航天局的"深度撞击号"探测器向"坦普尔1号"彗星释放了所携带的370多千克、如冰箱大小的撞击器,并成功命中目标,完成了人造航天器和彗星(彗核)的"第一次亲密接触"。撞击时"坦普尔1号"彗星距离地球1.32亿千米。"坦普尔1号"彗星在太空中的运行速度高达每秒30千米,"深度撞击号"自己的运动速度也高达每秒20千米,在导航控制系统的操纵下,经过80万千米的自主飞行,其间三次发动机点火调整,最终精确地对准目标,使此次撞击的精度达到了1米。

二、中国航天的成就

20世纪50年代,根据国际形势发展的需要,党中央做出了发展我国导弹事业的决定。1956年10月8日,建立了第一个导弹研究机构——国防部第五研究院,开始了中国航天事业的历程。

1. 中国航天事业的发展

"两弹一星"是发展初期的杰出标志。"两弹一星"是指原子弹、导弹和人造卫星。20世纪50年代,我国在"十二年科学规划"中把核技术和喷气技术两项尖端技术列为规划的重点,下决心开展原子弹的研制。1960年11月5日,以我国开发为主结合仿制的近程导弹试射成功。1964年6月29日,我国自主研制的第一枚中近程导弹试射成功。1964年10月16日,我国第一颗原子弹试验成功,使我国成为继美、苏、英、法之后的第五个拥有核武器的国家。1966年10月27日,我国第一枚装有核弹头的地对地导弹试射成功,圆满地实现了"两弹结合"。1970年4月24日,我国第一颗人造地球卫星——"东方红1号"发射成功,使我国成为继苏、美、法、日之后的第五个能够独立发射卫星的国家。

"两弹一星"工程为我国奠定了尖端科技基础,使我国获得了世界大国的地位。一批爱国科学家回国为"两弹一星"工程做出了卓越贡献,也培养了一大批科学技术人才。

改革开放以后,中国航天走向世界,朝着为国民经济和国防建设服务相协调的格局发展,取得了以载人航天为标志的重大成绩,创造了中国航天的新辉煌。

2. 中国航天的科学技术成就

首先讲讲我国在运载火箭方面的成就。我国形成了"长征"系列火箭,基本满足应用卫星和飞船的发射需要。近地轨道(LEO)运载能力从0.3吨至9.2吨。太阳同步轨道(SSO)运载能力从0.3吨至2.8吨。地球同步转移轨道(GTO)运载能力从1.5吨至5.1吨。

我国运载火箭方面的重要事件包括:1960年,我国自行研制的第一枚探空火箭成功发射。1970年4月24日,"长征1号"火箭首次发射"东方红1号"卫星成功,标志我国掌握了卫星发射技术。1981年,一箭三星发射成功,掌握了一箭多星技术。1984年,"长征3号"火箭发射第一颗"东方红2号"实验通信卫星成功,掌握了地球静止轨道卫星发射技术,进入世界先进行列。1990年,"长征3号"火箭成功发射"亚洲一号"卫星,自此"长征"火箭进入国际商业发射服务市场,目前已成功地发射了多颗国外制造的卫星。1999年11月至2005年10月,"长征2号"F火箭连续6次成功将"神舟"飞船送入太空。到目前为止,"长征"系列运载火箭已经进行了100多次发射,自1996年以来连续发射成功超过50次,"长征"系列火箭的发射成功率已超过90%。

江泽民总书记为"长征2F"运载火箭(CZ-2F)题名为"神箭"。近地轨道运载能力达到7.8吨。它用于发射"神舟"飞船,是载人航天工程的重要组成部分。

CZ-2F是在CZ-E的基础上研制的,针对载人航天的高安全性特点改进了设计,提高了可靠性和安全性,增加了故障检测和逃逸救生系统等。它由10个系列组成,采用了有4.6万余条语句的7个A、B级软件,采用了36790只元器件,可靠性指数由原来CZ-2E的0.91提高到了0.97,航天员安全性指标达到0.997。

再来讲讲我国应用卫星事业的发展(参见表1)。我国自行研制、发射了80颗卫星,目前在轨运行24颗。基本实现了卫星系列化、平台公用化,形成了能覆盖近地轨道、地球静止轨道、太阳同步轨道的大、中、小卫星平台,形成了资源、气象、海洋、通信广播、导航定位、科学实验等卫星系列。在卫星回收技术、姿态控制技术、轨道测量控制技术等方面达到了世界先进水平。控制部件、姿态与轨道控制推进器、结构部件、能源设备等卫星部件具备国际竞争能力。具备一流的大型空间试验设施和完备的部件研究、设计、制造能力。

表1 我国研制的主要卫星平台

平台	应用	在研	开发
ZY-1	资源1号		资源后继星、太阳望远镜
ZY-2	资源2号	资源2号后继星	普查卫星
FY-1	风云1号	风云1号后续星	气象
FY-2	风云2号	风云2号后续星	气象
FY-3		风云3号	气象
返回式平台	返回式卫星	返回式卫星	科学实验、测绘卫星
CAST968	海洋1号	灾害与环境监测星座	灾害监测星座、地震监测卫星、海洋2号/3号
DFH-3	东方红3号、中星20号、中星22号、北斗1号	中继卫星	直播星、新一代北斗导航卫星
DFH-4		鑫诺2号	多种通信广播卫星

中国航天技术的发展和未来展望

对地观测卫星:"资源1号"卫星是我国与巴西合作研制的太阳同步轨道卫星,达到了20世纪90年代国际水平。1999年10月发射第一颗星,超期服役两年。第二颗于2003年10月发射。广泛用于农业、林业、水利、城市规划和国土资源勘察等多个领域。

气象卫星:"风云1号"和"风云2号"气象卫星已经达到了20世纪90年代国际水平,使我国成为世界上第三个同时拥有极地轨道和静止轨道气象卫星的国家。

海洋卫星:2002年5月发射的"海洋1号"卫星,是我国第一颗应用型小卫星。海洋卫星在海洋环境监测、渔场探测、海岸带资源探测、海口港湾治理和海洋动力环境监测等方面发挥着重要作用。

返回式卫星:1975年11月26日,我国发射了第一颗返回式卫星,成为世界第三个掌握卫星回收技术的国家。这是我国最早的应用卫星,在国土普查、资源勘测、地图测绘、空间科学实验等方面发挥了重要的作用。

通信广播卫星:1984年,我国发射了"东方红2号"实验通信卫星,这是我国第一颗地球静止轨道卫星。1986年发射的"东方红2号甲"是我国第一颗实用广播通信卫星。

1997年"东方红3号"中等容量通信卫星投入使用,功率1.6kw,24台C转发器,工作寿命8年,相当于6颗"东方红2号甲"。2000年和2003年又相继发射了"东方红3号"系列的中星22号和中星20号通信卫星。

导航定位卫星：我国第一代导航定位卫星是由"北斗"导航卫星星座（3颗）与地面应用系统组成的有源区域导航定位系统，同时具备一定的通信功能，可以覆盖中国和周边地区。

科学实验卫星："实践5号"卫星是我国第一颗采用公用平台思想设计的小型科学实验卫星，整星质量为340千克，轨道高度为870千米（太阳同步轨道）。主要用来进行空间单粒子效应及对策研究，空间流体科学实验，S波段高速数传发射机试验及大容量固态存储器实验和平台技术实验。

我国的载人航天技术发展也很快。1992年9月21日，载人航天工程正式立项。经过11年的研制和实验，完成了四次无人飞行。2003年10月16日，"神舟五号"返回舱平安返回，航天员自主出舱，实现了中华民族的飞天梦想，使我国成为继美、俄之后的第三个独立掌握载人航天技术的国家。2005年10月17日，搭载两名航天员的"神舟六号"返回舱安全着陆，仅用两年时间就实现人"一人一天"到"多人多天"航天飞行的重大跨越，标志着中国在发展载人航天技术方面取得了又一个里程碑意义的重大胜利。

载人航天工程由七个系统组成，包括航天员系统、应用系统、飞船系统、火箭系统、发射场系统、测控通信系统、着陆场系统。其支持系统规模庞大,有4艘远望测量船,3个国外地面站(卡拉奇、纳米比亚、马林迪),1个主着陆场、1个副着陆场、4个应急着陆场、3个海上救生区、10个陆上应急救生场、29架任务飞机,还有各地方部门及部队的参与和支持。

"神舟号"飞船是我国自主研制的载人飞船,江泽民同志为它题了名。它采用了由轨道舱、返回舱、推进舱和附加段组成的三舱一段,两对太阳电池翼构型和升力控制返回,圆顶降落伞回收方案。由13个分系统组成,有696台(套)设备,采用了37.6万条语句,52个A、B级软件,82725只元器件,5830项品牌的原材料,有112个协作单位参加配套研制。其返回舱容积是世界上已有的卫星式飞船中最大的,达到5.2立方米,比"联盟号"飞船增大30%。"神舟号"飞船的降落伞是世界上最大的,有1200平方米。

实施载人航天工程培养和造就了一批优秀的科学家和工程技术专家。研制队伍中35岁以下年轻人基本保持在1/3左右的比例。主任技师以上的骨干中,45岁以下的超过80%。其中3名骨干荣获"全国十大杰出青年"荣誉称号,15人荣获全国"五一"劳动奖章。

3. 中国航天技术对中国经济社会的贡献

航天技术及应用和经济社会、国防、人民生活密切

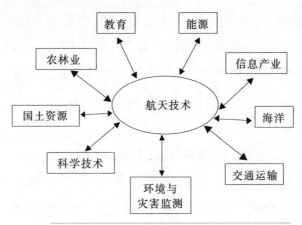

▲图2 我国航天技术对经济社会的贡献

相关,已经广泛渗透到诸多领域,并且发挥了越来越重要的作用(参见图2)。

航天技术与教育:航天与教育相结合,实现远程教育是有着9亿农村人口的中国的必然选择。目前,利用通信广播卫星开设电视教育节目已成为远距离教育的重要途径。中国已是接受电视教育最多的国家。

航天技术与农业:我国是一个农业大国,国家历来重视农业的发展。从土地资源调查、灾害的预报、农作物监测和估产,到航天育种,航天技术对农业现代化起到了重要作用。

航天技术与能源:航天技术在煤炭、石油、天然气开发中得到应用,促进了能源产业现代化的发展。在地球面临能源危机的今天,向空间索取新的能源是科学家关注的热点之一。

航天技术与信息产业:信息时代已经来临,空间信息系统是信息革命的重要支持,卫星广播通信技术为现代社会提供了电视、广播、电话、数据传输、远程教育、远程医疗等上百种业务,使人类生活发生了重要而深刻的变化。卫星通信技术为现代社会提供了多种通信服务,目前全世界卫星通信业年收入达到千亿美元。中国的直播卫星业务估计每年将产生上百亿元的产值。卫星电视和广播使我国电视和广播在国内的人口综合覆盖率已经分别超过97.6%和93.3%。

航天技术与环境和灾害:利用航天遥感技术可实现对环境和灾害的预测预报,减少损失。据预测,应用环境与灾害监测卫星后,每年可减少灾害带来的经济损失近200亿元。国家气象局分析,我国气象事业的投入产出比已达到1:40,在经济发达地区高达1:100。

航天技术与海洋:随着我国经济的发展,海洋资源的开发越来越重要。海洋卫星的数据已逐步在海洋资源开发与管理、海洋环境监测与保护、海洋灾害监测与预报、海洋科学研究等领域发挥作用。海洋卫星为在太平洋海区作业的中国渔船提供了及时的渔场环境信息,使他们获得了丰收。海洋卫星对发生在渤海、华东沿海和黄海的赤潮进行监测,为海洋环境保护管理提供了科学依据。

航天技术与交通运输等:导航卫星已经成为舰船、

飞机和航天器等的导航定位工具,并为道路、桥梁勘测和城市规划设计提供测量基准点,为电力和电信网提供时间同步基准。同时,它在交通管理、预防打击犯罪、金融、海关等公共安全领域的应用越来越广泛。面向个人的终端服务也开始流行。

航天技术与国土资源:应用航天遥感技术可以及时反映土地、森林等国土资源环境的动态变化和全貌,这是常规手段所不能的。据预测,应用遥感卫星方法的费用只是常规方法的 1/6,比如为南水北调工程评估提供科学依据。

航天技术与科技进步:航天技术是多学科的综合集成,对高新技术产业的发展起到了巨大的拉动作用。航天技术依靠并带动材料、能源、电子、真空、低温、半导体、计算机、遥感、精密机械等多项技术发展,为力学、化学、物理学、动植物学、生态学、地质学、空间科学、生命科学等基础科学提出了新的研究领域,使这些学科的发展得到了新的动力。

4. 中国航天技术对西部大开发可能的贡献

应用S技术(航天遥感RS、全球定位系统GPS、地理信息系统GIS)进行西部国土资源大普查,可为西部开发的总体规划、宏观监测提供可靠的依据。大面积、综合性、长期的遥感调查可贯穿于西部大开发的全过程为西部大开发提供强有力的技术支撑。

黄河上中游管理局综合利用航天遥感技术、GPS技术以及微地貌监测方法,建立了黄土高原严重水土流失区生态农业动态监测系统。用该系统开展水土流失动态监测,取得了一整套包括土壤侵蚀、植被、坡度在内的数据。这套基础数据将为今后的水土保持规划、流域治理以及宏观决策提供有力的技术支持,使传统水土保持走向数字水土保持成为现实。

应用航天遥感技术绘制西部地区大比例尺的遥感地图,为西部地区城市和交通等基础建设服务。在铁路、公路建设之前,需要对铁路、公路的分布进行总体规划,需要了解西部地区的山脉、河流分布情况,需要大比例尺的遥感地图,应用航天遥感技术可以很好地满足这一需求。利用卫星遥感技术为城市建设、铁路和公路选址,还可避开灾害地质,提高工程质量。

建立西部地区卫星通信系统。据预算,开通新疆与兰州、西藏与成都间的电话通信,如果采用卫星通信方式,只需投资不到1亿元(数据来源:中国军民两用高技术信息网),而且建设周期短、覆盖面积大,通信质量也能达到优质水平。西部地区地广人稀,多崇山峻岭,村与村之间距离遥远,传统的电缆、光缆通信方式不适合在西部地区大面积推广,西部地区适合发展卫星通信。使用数字卫星计算机电话(又叫农村电话),只需要一个地面计算机便可工作,每个村只需建立一个小站,无需铺光缆,便可将电话通到农户家中,适合西部地区农村使用。另外,在西部地区利用VSAT(即使用小口径天线的用户地面站)发展卫星通信,可为金融、交通、通信能源、广播电视、商贸等行业提供服务,每年可创造上百亿元的产值。

通过空间育种,培育适应西部条件的树种、草种、农作物优良品种。选择和培育适应西部自然条件的植物包括农作物优良品种对于西部生态环境保护和农业发展有重要意义。空间育种是解决这一问题的有效途径之一。太空培育的优良草种具有耐旱固沙、生命力旺盛的特点,可为西部退耕还草等做出贡献。

通过航天技术成果转化,促进西部地区能源产业发展。航天技术如液体火箭发动机热能技术,机电一体化的传感、测量技术,计算机自动调节、控制技术等,可在大型风力发电机组的开发、工业炉窑的节能改造、高效泵和风机的设计和运行、汽轮机机组的改进设计、洁净煤利用技术等方面得到广泛的应用。

利用航天技术进行远程教育和远程医疗,提高贫困和边远地区人民的教育和医疗水平。西部大开发涉及中国70%以上地域,分布在12个省、市、自治区及较贫困的边疆少数民族区域。利用空间技术进行远程教育和远程医疗,提高贫困和边远地区人民的教育和医疗水

中国航天技术的发展和未来展望

平,并通过建立社区电子信息中心,提供相关的农业知识和市场信息等,无疑将是加速西部经济社会发展的有效手段之一。

这里要特别讲讲中国航天事业与甘肃的关系。酒泉发射基地临近甘肃,甘肃为中国航天事业做出了重要贡献。由中国气象局、甘肃省人民政府、酒泉卫星发射中心联合建立的航天气象中心,2004年12月在甘肃省气象局正式成立。这是我国建成的首个为航天服务的气象中心。气象条件是影响航天器成功发射和安全着陆的关键条件之一。在甘肃设立航天气象中心,能够充分利用甘肃省气象局已有的设备和技术为航天器的发射和回收服务。

地处兰州的航天510所承担的用于"神舟五号"载人飞船的14项产品表现出色,为我国首次载人航天的圆满成功做出了贡献。近年来,该所为我国成功发射的卫星、飞船提供了240多项型号任务产品,成功率达到100%。

甘肃省天水市"农业高新技术示范区"是我国西部第一个航天育种基地。来这里落户的农作物有着不同寻常的经历,那就是它们的种子曾在太空遨游过。2005年8月份,该基地"航豇2号"豇豆、"航椒3号"辣椒、"航遗2号"番茄共三种航天新品种蔬菜通过了国家级专家鉴定。同时,返回式卫星搭载的6种树种(刺槐、侧柏、柠条、沙棘、华山松、白皮松)及一些花种已经由甘肃省林业厅进行后续研究,以获得优良品种。卫星搭载抗旱性的树种,在我国还是首次。

5. 航天国际合作

中巴联合研究资源卫星成为南南合作的典范,扩大了中国航天在国际上尤其是在发展中国家的影响。我们的中欧"双星"探测合作计划也取得了圆满成功。双星探测主要研究空间环境、地球空间暴的形成和演化过程,以更加精确地对地球空间暴等空间灾害天气进行预报。

我们与其他航天国家联合建立、运营航天公司,构建了进一步合作的基础。与欧洲航天企业也进行了合作。我国"东方红4号"卫星选用了法国阿尔卡特公司的某些有效载荷,使整星水平达到国际先进水平。

我国参与了欧洲"伽利略"计划,这是目前全球航天领域重要的国际合作项目之一,该计划打破了美国GPS系统的垄断地位。我们要充分利用国际航天资源。我国即将首次实现卫星整星出口(尼日利亚通信卫星)、在轨交付,这是中国航天迈向国际市场的重大一步。

三、未来发展展望

1. 中国航天事业发展的目标与方向

目标：实现我国航天全面、协调、可持续发展，为和平利用外层空间、促进人类文明和社会进步、造福全人类，为中华民族屹立于世界民族之林做出更大贡献。

原则：根据我国国情，坚持"有所为，有所不为"，在某些领域保持世界先进水平。

主题：促进国民经济发展，提高国防实力与人民生活水平，推动科技进步，加强技术与经济的结合，增强综合国力。

发展方向：加速低成本、高可靠性、大推力、无毒无污染的新一代运载火箭的研制，发展可重复使用的运载技术，提高进入太空的能力，建立我国新型的航天运输系统，逐步建立我国独立自主的空间信息系统。实施载人航天后续工程，开展以月球探测为代表的深空探测活动，有选择、有重点地开展空间科学探测活动。

2. 各个系统具体发展目标

首先讲航天运输系统。航天运输系统包括新一代运载火箭和可重复使用运载器两种。新一代运载火箭：研制我国新一代运载火箭，实现运载火箭技术跨越式发展，赶上国际先进水平。新一代运载火箭采用系列化设计思想,采用无毒、无污染推进剂,运载能力大,适应性强,批量化生产,可以满足我国未来20~30年的航天发展需要。近地轨道运载能力达到1.5~25吨,地球同步转移轨道运载能力达到1.5~14吨。其特点可概括为"一个系列,两种发动机,三个模块"。一个系列:首先实现直径5m的基本型火箭首飞,从而具备构成6种5m构型火箭的能力,并为衍生中型和小型火箭系列打下基础。两种发动机:50吨级氢氧发动机,120吨级液氧——煤油发动机。三个模块:研制直径分别为5米、3.35米、2.25米的标准箭体模块,作为形成不同构型的系列化运载火箭的标准元素。

可重复使用运载器:探索可重复使用运载器技术。循序渐进,以掌握核心技术为突破口,从我国国情出发,将论证以串联式、两级入轨、垂直发射、水平着陆、重复使用的航天运输系统起步的方案。

3. 空间信息系统

空间信息系统是以开发利用空间资源为目的,采用相应技术手段,按照天地一体化原则建立的有机联系、功能完备、互联互通、资源共享的系统,为经济、社会发展提供长期稳定的服务。包括由对地观测、导航定位、通信传输等多种卫星系统及其地面配套设施、相关组织机构构成的体系。其中,对地观测体系由气象、海洋、地

4. 载人航天

载人航天有个"三步走"战略。第一步：在2003年，以发射第一艘载人飞船为标志，实现首次载人飞行；2005年成功发射"神舟六号"载人飞船，全面完成第一步任务。第二步：在2010年，突破航天员出舱活动与飞行器空间交合对接的关键技术，开始实施空间实验室工程。第三步：建造20吨级的空间站，解决较大规模的、长期有人照料的空间应用问题。

5. 探月工程

我国开展月球探测的意义是：促进我国空间科学与技术的进步，为深空探测未来的发展奠定技术基础；带动我国相关基础科学的创新与高科技的发展；参与开发利用月球资源，促进人类社会可持续发展；提高综合国力，增强民族凝聚力；促进航天领域的国际交流与合作。

探月发展战略是在2020年前实现"绕、落、回"总体目标。一期工程：绕——发射月球探测卫星（"嫦娥一号"卫星），实现环月探测，开展月球表面和空间环境探测。二期工程：落——实现月表面软着陆与月面巡视勘察。三期工程：回——实现月球探测器自动采样返回，计划在2017年前后实施。

其中，"嫦娥一号"卫星采用"东方红1号"卫星平台，由"长征3号"甲运载火箭在西昌卫星发射中心发射。"嫦

中国航天技术的发展和未来展望

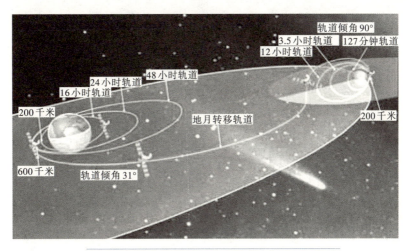

▲ 图3 "嫦娥一号"探月器飞行轨道示意图

娥1号"卫星主要完成以下任务：获取月球表面三维影像（月图），分析月球表面有用元素及物质类型、含量和分布特点，探测月壤特征，探测地月空间环境（参见图3）。

"嫦娥一号"绕月探测的特点为：月球表面三维影像获取是第一次获得全月球完整的立体照相和测量数据，是国际上首次进行月壤厚度探测，元素探测有望得到比目前国际上已获得的元素更多的元素种类。地月空间环境探测将是我国第一次获取地月空间环境的原始数据。

6. 空间科学

我国空间科技的发展和深空探测的开展，为空间科学的发展提供了平台和工具，在此基础上大力发展空间科学实验,将为我国空间物理、空间化学、空间地质学、空间生命科学、空间综合环境探测等领域的发展奠定良好的基础,并将大大推动空间技术与科学的整体进步。

7. 积极拓展国际合作,参与世界航天活动

航天领域的国际合作已成为一种时代潮流,未来更多的航天项目将通过国际合作来实现。我国是航天大国,但还不是航天强国。我们将面向世界,扩大开放,以各种可能的方式开展国际合作,开辟更多的合作渠道,共同推进人类航天事业的发展与进步。

◆ 四、结束语:继承、发扬"两弹一星"精神和载人航天精神,再铸辉煌

通过近50年的发展,中国航天取得了辉煌的成就,不仅取得了科学技术的重大进步,还形成了完整的航天系统工程管理体系。航天系统工程的组织形式是总体设计部、两条指挥线。"两弹一星"和载人航天工程的成功,是实践航天系统工程管理的典范。航天系统工程管理成果引起了各行业的重视与关注,希望能相互促进,不断完善与提高。

更重要的是,"两弹一星"和载人航天工程铸就了"两弹一星"精神和载人航天精神,体现了社会主义制度

的优越性,是全国人民共同奋斗的结果。"两弹一星"精神即"热爱祖国,无私奉献;自力更生,艰苦奋斗;大力协同,勇于登攀"。我国航天取得的辉煌成就离不开老一辈航天人的辛勤耕耘,他们的品德风貌和优良作风,是推动航天事业前进的强大精神力量。这里举出部分"两弹一星"元勋:钱学森、任新民、屠守锷、黄纬禄、孙家栋、杨嘉墀、王希季……载人航天精神即"特别能吃苦,特别能战斗,特别能攻关,特别能奉献"。载人航天精神是"两弹一星"精神在新时代的发扬光大,是我们伟大民族精神的生动体现。

　　航天事业是充满艰辛但又充满诗意的事业。我们航天人与亿万华夏子孙一样自豪,与祖国的脉搏一起跳动。我们航天人始终把国家、民族和人民的利益放在首位。为了国家的强大和航天科技的发展,老一辈航天人呕心沥血,矢志报国,他们用生命和热血谱写了一部为国鞠躬尽瘁、死而后已的壮丽篇章,创造了以爱国主义为核心的航天精神。这种精神将与时俱进、发扬光大,永远激励我们追求成功,面向未来。让我们携起手来,继承、发扬"两弹一星"和载人航天精神,秉承造福人类的信念,历险涉艰,创新致远,不断探索宇宙奥秘,开发利用空间资源,致力推进科技进步,为人类开辟航天文明的新纪元做出贡献,为中华民族的伟大复兴再铸辉煌!

载人航天发展走向的思考

王永志

一、人类航天的历史
二、21世纪世界载人航天的发展走向
三、历史的启示和我们的选择

【作者简介】王永志,辽宁省昌图县人。1932年生,1949年11月入党。1952年考入清华大学航空系(后该系并入北航),1955年9月起在苏联莫斯科航空学院飞行器系导弹设计专业学习,1961年3月毕业回国。曾任中国载人航天工程总设计师。他长期致力于我国战略导弹和运载火箭的总体设计与研制工作,参加和主持了6个导弹型号(其中3个型号任总设计师、1个型号任副总设计师)和2个运载火箭型号的设计工作,提出了一系列总体设计思想,解决了大量关键技术问题,为我国火箭技术的升级换代做出了重要贡献。作为我国载人航天工程的开创者之一,他参与主持完成了工程的技术经济可行性论证,作为技术负责人,主持了工程总体和各系统总体技术方案设计以及工程研制和试验的技术工作,组织攻克了许多重大关键技术,为我国载人航天工程跨越式发展做出了特殊贡献。先后获全国科学大会奖1项,国家科技进步特等奖2项、一等奖2项,部委级科技进步一等奖和二等奖各4项,1999年获解放军专业技术重大贡献奖,2004年获总装备部创新贡献最高奖,是2003年度国家最高科学技术奖获得者。2005年1月,中央军委胡锦涛主席签署命令授予他"载人航天功勋科学家"荣誉称号。

1988年被评为"国家级有突出贡献的中青年专家",1994年当选中国工程院首批院士,1992年当选国际宇航科学院院士、俄罗斯宇航科学院外籍院士。

载人航天发展走向的思考

"地球是人类的摇篮,但是人类不能永远生活在摇篮里,他们不断地探索新的天体和空间,起初小心翼翼地穿过大气层,然后再去征服整个太阳系。"这是现代航天技术的奠基人之一、俄国的康斯坦丁·齐奥尔科夫斯基于1911年8月12日在给他的朋友沃罗比耶夫的一封信中所写的一段话。齐奥尔科夫斯基是人类征服宇宙的先驱思想家和理论家之一。他的多级液体燃料"火箭列车"的设计思想和著名的齐奥尔科夫斯基公式,奠定了人类进行太空飞行的基础。尽管他没有做过火箭的具体试验,但是他这个科学的论断和浪漫的梦想激励着一代又一代人,推动着人类航天事业不断向前发展。

首先让我们简要回顾一下人类航天事业短暂而又辉煌的历史。

一、人类航天的历史

1. 现代火箭的问世

齐奥尔科夫斯基的理论才提出30多年,希特勒统治下的德国就研制出来了液体火箭,但遗憾的是它被首先用于战争。1944年5月9日,希特勒统治下的德国用V2导弹轰炸伦敦,现代意义上的火箭问世了。第二次世界大战后,美国和苏联把德国的火箭专家以及火箭样品和火箭研制的基本设施都搜集到自己的国家,在此基础上,迅速发展了液体火箭技术,之后不久就出现了多级火箭。1956年,苏联第一个宣布掌握了洲际导弹技术。有了洲际导弹,可把弹头送到很远的地方,进而可以达到第一宇宙速度,挣脱地球引力的束缚,进入太空。

2. 人类开始进入太空

苏联于1957年10月4日将第一颗人造地球卫星送入太空,震惊了整个世界。这颗卫星的发射使得冷战时期"前线"的概念产生了很大的变化,这时太空成为美苏争夺的战略前沿。此后不到一个月,苏联的人造地球卫星2号又顺利升空,并将一条名叫莱卡的小狗送入轨道。美国利用改进的红石火箭于1958年1月31日终于成功地发射了他们的第一颗卫星"探索者1号"。"探索者1号"仅重14千克,而苏联的"卫星1号"重84千克,苏联于1958年5月15日发射的地球物理卫星竟重达1350千克。这清楚地反映出火箭技术的差异。1959年10月,苏联的成就再次令世人为之倾倒,他们的"月球3号"探测器第一次将月球背面的照片呈现在人们面前。

苏联在载人飞行中也占尽先机,1961年4月12日,尤里·加加林少校乘坐"东方号"飞船在环绕地球飞行一圈之后,成功地返回地球。人类开始进入太空,载人航天的时代开始了。

从1961年到1965年,苏联一直在载人航天方面占球资源灾害与环境监测、地理测绘等卫星组成,实现对陆地、海洋、大气的立体观测和动态监测,具有长期预报、处理、评估的能力。

通信传输体系的目标是:提高通信广播卫星水平,建立适应我国国情的通信传输体系,满足需求,并具备可扩展到全球通信的能力。它由直播/广播卫星、大容量通信卫星、数据中继卫星、低轨通信卫星等组成。我国将研制宽带多媒体卫星,开展音频、视频、数据多媒体广告业务。我们的卫星平台主要由基于成熟的中等容量平台和正在研制的大容量"东方红4号"卫星平台组成。"东方红4号"卫星平台的能力相当于4～5颗"东方红3号"卫星,功率达到10kw左右,卫星重5吨左右,寿命15年,与当前国际水平相当。

导航定位体系的目标是:在"北斗"导航星座的基础上,发展我国独立自主的导航卫星系统,满足我国区域导航要求,提供无源、高精度、全天候、连续、实时寻址服务,为公路交通、铁路运输、海上作业、航空飞行、个人等用户服务,并为向全球导航定位过渡积累经验。

我国还将大力发展卫星应用的各个领域,使其逐步产业化,使我国卫星产业在国际卫星产业中占有一席之地,增强国际竞争力,为国防现代化建设、经济技术发展、科学技术进步、改善人民生活质量做出贡献。

有领先的地位,例如第一位女宇航员、飞行时间最长的宇航员、第一次太空行走等荣誉都被苏联夺得。

3. 人类登上地球以外的天体

由于美国在航天方面的成就远远落后于苏联,当时的美国总统约翰·肯尼迪对此非常不安。他在美国参众两院发表的一次演说里,提出了一个大胆的但目标非常明确的计划:"我认为我们的国家应该努力实现自己的目标,在60年代结束之前将人送上月球,并使他们平安返回地球。"就在加加林上天一个月后,美国便决策开展人类有史以来最大的航天工程——阿波罗登月计划。

阿波罗载人登月计划,从1961年开始到1972年结束,这项计划受到了美国人狂热的支持。1969年7月16日,阿波罗11号飞船飞往月球,7月20日尼尔·阿姆斯特朗和布兹·阿尔特林终于实现了人类飞往月球的梦想,将自己的脚印印在了这个万籁俱寂的星球上,阿姆斯特朗登上月球的一小步,对于人类是确确实实的一大步。阿波罗11号—阿波罗17号共完成6次12名航天员的登月,每次登月的地区都不相同。从月球共带回382千克的月球土壤和岩石标本,科学家们希望能从这些样本中揭示太阳系形成的奥秘。尽管这些样本没有达到科学家们希望的目标,但这个计划的本身在科学技术上的成就是巨大的,为人类的进步做出了巨大的贡献。

4. 人工太空基地——空间站

在飞船技术逐渐成熟和登月计划失败后,苏联的航天计划转向建造环绕地球的轨道站,礼炮1号轨道站于1971年4月发射升空,先是将无人的轨道站送至轨道,再利用较完善的联盟飞船完成航天员的接送任务。轨道站由三舱组成,其中工作舱和气闸舱是密封的,第三个非密封舱用于安装各类贮箱、仪器和发动机等。对接之后的联盟—礼炮复合体重约26吨,长达23米。

从1971年至1982年共有7个轨道站被送入太空,其中礼炮6号和礼炮7号已经具有永久性空间站的雏形,其设施更为完善。在礼炮6号近五年的使用寿命期限里,约有两年处于有人居住的状态,先后有20艘载人飞船与其进行了对接,共有27名航天员在站上工作过,其中包括8名外国航天员,12艘货运飞船共送上22吨的补给,在此期间完成了1600多项空间天文、空间生物和空间医学等方面的试验。通过这七个轨道站的实践,苏联逐渐掌握了人在轨道上长期生存、生活和工作的技术。除了苏联之外,美国和西欧也做过这方面的工作,但远不能和苏联相比。

在礼炮7号服役尚未期满的情况下,和平号空间站于1986年2月20日由质子号火箭发射升空。与礼炮号轨道站相比,和平号空间站具有全新的对接系统。和平号空间站由一个多功能对接舱、一个工作舱和一个推进舱所组成。多功能对接舱共有六个对接口,为建造更大、更复杂的空间设施打下了坚实的基础。空间站可以接纳载人的联盟号TM飞船和货运的进步号飞船,从1990年起,另外的对接口陆续对接上具有不同任务的舱段,总重量可达115吨。

和平号空间站的建成和运行使得人类攻克了适应长时间在空间运行的大型载人航天器技术;大型航天器的补给、更换和维修技术;航天员在太空中长时间生存技术和适应空间站任务的技术;掌握了在轨道上组装空间站的技术。和平号空间站原计划在轨运行寿命为5年,实际上一直工作了15年,直到2001年8月才在人工控制下坠落到太平洋中。

美国也利用"阿波罗"的技术和剩余产品研制了试验性空间站,即天空试验室。天空试验室共进行了3次载人活动,从1973年发射到1979年自然坠落,在轨使用了一年多,此后转而开始研制自由号空间站。

美国在自由号空间站上花费了8年时间和102亿美元之后,决定与俄罗斯等国合作,共同建设国际空间站。俄罗斯也放弃了其"和平2号"空间站计划,目前除美、俄外,日本、欧洲空间局诸国以及巴西等十四国参加了国际空间站计划。

5. 航天飞机——穿梭于天地间的新工具

航天飞机的任务有三个：其一，它本身就是一个在轨运行的太空实验室，可以在正常舱压或在真空条件下进行空间试验；其二，它可以用来进行商业发射，将有效载荷运送到低轨道上去；其三，进行在轨维修任务，即进行轨道飞行器修复、加注或将其运回地球，对哈勃太空望远镜的修复就是一个很好的例子。航天飞机的研制成功，取得了很多科学技术成果。目前大构件有效载荷的天地运输任务主要靠航天飞机承担，尽管航天飞机的飞行次数只有172次，但其发射升空的有效载荷，却占人类送往轨道有效载荷的40%。这种形式的航天飞机在完成国际空间站组装任务后将结束使命，可能进行改型或换另外一种更加安全、更加经济的天地往返运输器。

随着20世纪人类科技的迅猛发展，许多在科幻小说中出现的情节已经成为了现实。大量环绕地球飞行的人造卫星，成为人们日常生活乃至国家安全不可或缺的成员，而且人造卫星还造访了金星、木星、水星、火星、土星、天王星、海王星等行星；人类已经登上了月球；人造探测器也成功地在月球、金星和火星着陆；人类成功地冲出了大气层，并研制出载人飞船、载人登月飞船、空间实验室、空间站、航天飞机、航天飞机机载空间实验室等6类20个型号的载人航天飞行器。可以说，在第一颗人造卫星上天后不到50年的时间里，人类的航天科技已经取得了十分辉煌的成就。

二、21世纪世界载人航天的发展走向

在新的世纪里,由于冷战的结束,各航天大国的航天发展战略都更趋于理智和理性。

1. 美国重返月球计划

为重新确立美国的航天发展计划,促进NASA的改革,2004年1月14日,美国总统布什发布了"重返月球"等航天发展计划,其目的是建立永久性月球基地,为将来人类登陆火星并在火星上建立基地做准备。美国报界评论认为:"布什总统已经解决了美国航空航天局的远景规划问题。美国载人航天计划得到了等待已久的命令,在围着地球转了30年后终于可以奔向太阳系了!"

对此我们应该有足够清醒的认识。首先,美国围着地球转了30年,结果是在近地轨道空间抢占了先机,占尽了优势,而且这一优势还将不断得到加强。这是美国制订重返月球计划的立足点。如果这点动摇了,他们还会毫不犹豫地继续"绕着地球转"。其次,这次重返月球计划的目的,已经与阿波罗计划大不相同了,美国媒体评论说:"这个计划与其说是一个太空计划,不如说是一个经济纲领。它有助于美国20年后掌握世界能源市场,

控制整个世界。"姑且不论这些能不能实现,单就其目的来讲,是务实的。

该计划绝不单纯是一个技术和经济方面的规划,对其在政治和军事上的目的我们也要有足够的认识。日本《产经新闻》的文章就认为,美国的新航天开发计划的主要目的首先要通过该计划增强美国人的凝聚力,加强美国国内的团结,进而增强由"美国领导下的世界的团结"。其次要通过该计划的带动,推进未来技术的开发。最后该计划还要为保持美国的太空军事优势服务。

2. 国际空间站建设

目前各航天大国进行国际合作的目标集中在建成和运营国际空间站上。国际空间站规模很大,长108米,重423吨。1998年开始建造,原来计划2006年全部安装完毕,预计分44次通过运载器将各部件送入轨道组装完成。"哥伦比亚号"失事使航天飞机的使用更为慎重,国际空间站的建设进度也因此推迟。计划建成的国际空间站内部空间巨大,相当于两个宽体客机的容积。国际空间站预计投资超过600亿美元,每年运行费用需13亿美元,另外每年还要进行5次后勤供给。

尽管如此,国际空间站最终是能够建成的,这不失为人类航天事业的一个重大成就。这个巨大规模的国际空间站建成以后,它在夜空里是除月亮、金星之外用肉眼能够看到的第三个最亮的人造天体。

3. 深空探测加快了步伐

深空探测的目的从根本上讲,是为人类认识并利用太空的资源和环境服务,并最终为获取太空资源和寻找适合人类可能居住的生存空间服务。迄今为止,人类已经向包括月球在内的太阳系行星发射了近80个探测器,其中2/3由于种种原因以失败告终。

近期行星探测主要围绕火星进行,2003年6月2日,欧洲空间局发射了"火星快车"探测器,它携带的"猎兔犬2号"登陆器预计于2003年12月25日凌晨登陆火星,但随后便失去联系。2003年6月10日和7月7日,美国发射了两艘"火星探测漫游者"探测器,分别携带"勇气号"和"机遇号"火星车。2004年1月4日,"勇气号"降落在"古谢夫环形山"区域。随后"机遇号"也在火星表面着陆。这两个火星车均实现了火星行走,并传回了大量的数据和图片,发现了火星上存在水的间接证据,按照预期计划完成了任务。这些都为人类了解太阳系做出了直接的贡献。

目前看来,在现有技术条件下,人类的长距离星际航行还不太现实,但飞往火星还是可能的。

三、历史的启示和我们的选择

回顾20世纪人类的航天成就，我们不难得到以下主要结论。

1. 航天技术是事关国家发展的战略技术

航天技术在20世纪所取得的成就，已经给人类社会带来了巨大的效益。各主要航天大国，也已经得到了巨大的回报，这些回报不仅仅是在经济上，更重要的是国家利益的回报，使得他们在新世纪之初，就占据了至关重要的战略制高点。这一点可以从美国两次对伊战争和对阿富汗战争的现实中得到验证。因此，我们也可以说，航天事业是与国家发展战略紧密相关的战略产业，甚至是与人类的未来息息相关的前沿产业。

党和国家根据世界科技发展形势，着眼于我国科技事业、国防事业和现代化建设的发展大局，站在国家发展战略的高度对我国航天事业的发展一直高度重视，从"两弹一星"到载人航天，我们已经拥有了基本配套、独立自主的航天产业，中国航天已经取得了令世人瞩目的成绩，并保持着强劲的发展势头。

2. 近地空间是20世纪人类航天活动的主战场

尽管世界各航天大国采取了不同的发展道路，但都

载人航天发展走向的思考

不约而同地将大量精力放在围绕地球轨道上做文章。苏联以发展飞船起步,研制了"礼炮号"轨道站、"和平号"空间站,到最后参加国际空间站研制;美国也是从"水星号"飞船起步,然后实施"阿波罗"登月计划,建造天空实验室,研制航天飞机,再发展空间站。参加国际空间站研制的各个国家,也都有一个重要的共识——选择以地球轨道为主要目标的载人航天活动,对各参加国来说收益是最大的。

地球轨道空间是战略空间,控制和掌握这一空间对国民经济和国家安全具有至关重要的意义。科学研究、海洋、地质矿产、气象、环保等国民经济部门都有迫切的空间科学研究、空间技术试验以及空间应用需求。近地轨道空间已经成为人类生存空间的直接扩展,近地轨道航天活动已经与人民的生活和国民经济密切相关,而且在我国科技发展现状下,也能够以相对较小的投资获取较大的收益。因此,现阶段我国航天技术发展的重点还应该是围绕地球轨道空间做文章。应该以应用卫星、卫星应用和载人航天为发展重点,适度开展深空探测,直接为国民经济服务,为国家的科技进步服务,为提高国家的综合国力服务。

从长远发展看,掌握地球轨道航天的基本技术也是实现更加宏伟目标的基础。通过近地轨道航天活动,可以掌握航天飞行器的制造技术、天地往返运输技术,以及人类在太空长期生存、生活和工作等技术,可以开展相对较大规模的空间科学试验等,这些都是实现深空探测乃至星际航行必不可少的基本技术。也就是说,地球轨道空间是人类征服宇宙的必经之路。

以2003年10月16日宇航员杨利伟乘"神舟五号"飞船安全返回为标志,我国载人航天工程的第一步计划已经顺利完成。以"航天员出舱活动,空间交会对接,建设有一定应用规模的、短期有人照料、长期在轨自主飞行的空间实验室"为主要目标的第二步任务也即将起步,其主要任务是使我国尽快掌握进入并在近地空间活动、驻留及应用的重大关键技术,这是我国载人航天发展必须经历的重要阶段。这个目标对我们来讲是很现实的。对于空间站建设,我个人认为,建设和运营空间站对于突破和掌握人类在太空长期生存、生活和工作技术,开展大规模空间科学实验和空间应用具有不可替代的地位,有人驻守在太空这个新的战略制高点,对于国家的安全也是非常重要的。从世界航天技术发展的趋势和实际需求看,党中央在1992年对实施载人航天工程和"三步走"的决策是完全正确的,当然我们应该从我们的国情和实际出发,确定空间站的规模和技术路线。

总结国外的经验教训,为了大幅度降低空间站的研制和运营成本,我认为,我们建立的应是只有2～3个舱段的、小型的且不一定长期有人驻留,是不定期有人照料的有自己特色的空间站。

3. 航天事业的发展应与国家的综合实力相适应

航天事业由于其规模庞大、技术难度高和耗资巨大的特点，必定会受到国家经济实力、科技实力的制约，如果脱离国情，片面追求航天技术的畸形发展是不可取的。

我国航天事业的发展也必然要与中国作为发展中国家的国情相适应，面对新世纪各航天大国调整航天发展战略的新形势，我们还是要保持清醒的头脑，立足于我们自己的需要，突出重点，量力而行，坚持有所为有所不为，应该优先发展那些与国民经济和国家安全利益直接相关的航天项目。

另一方面，从经济和技术方面考虑，进行国际合作也是一条可供选择的途径。但是航天领域的国际合作能否实现，首先是政治因素起决定性作用，此外还有技术和经济等方面的因素。我们必须要明确一个前提，就是国际合作应该是平等的合作关系，这就要求我们即便参加国际合作也要独立掌握完整的技术。

如果不坚持这个前提，要进行平等的国际合作是不可能的。国际空间站建设过程中的一些现象很值得我们深思。16个国家共同建设空间站，各个国家国情不同，想法也不同。美国由于其他航天计划的影响，加上航天飞机失事,放慢了建造国际空间站的步伐,合作国家也只好放慢进度,至于美国的重返月球计划还会对国际空间站项目造成什么影响现在还不得而知。所以说这种合作很难保证自由和平等,参与国家牢骚很多。事实上,许多参与国家对这样的合作现状也表现出很强烈的不满,国际空间站是以美国为主导的国际合作项目,俄罗斯主要是在技术上做出很大贡献,其他合作伙伴的处境就不那么令人满意了,尤其强烈的感觉就是受制于人。

我认为,既然是否进行国际合作我们都应该独立掌握完整的技术,那么对于看准了的事,就应该尽早开始干,要立足于自己干,在干的过程中寻找有利的国际合作机会,避免坐以待毙,丧失时机。

宇宙是无边无际的,人类探索宇宙的活动也必将是没有止境的。科学探索是工程实践的先导和依据,科学家们在科学上的先期探索是开展后续航天工程的前提,我作为一个工程师,对科学家们充满了期待。应该说,人类对宇宙的了解还非常有限,还有很多很多科学问题没有答案,有的甚至还没有被提出来,但是这巨大的诱惑将激发人类无穷的创造力,去探索宇宙奥秘,开发利用太空资源,以造福于人类。

空天技术的发展现状与未来展望

崔尔杰

一、空天技术发展的历史与现状
二、空天技术的重要意义与作用
三、空天技术的未来展望
四、面对挑战的我国空天技术
五、结束语

【作者简介】崔尔杰(1935—2010),空气动力学家。生于山东济南。原籍河北高阳。1959年毕业于北京航空学院空气动力学专业。中国航天科技集团航天空气动力技术研究院研究员。他在国内率先开展航天器非定常气动力和流固耦合问题的研究,突破该领域多项关键技术;提出利用非定常激励进行流动控制获得高升力的方法并揭示其机制;建立和发展复杂飞行器外形考虑气动干扰的气动弹性分析新方法;发展涡致振动的非线性振子模型,提出抑制涡致振动的多种途径。他领导和主持了多项型号关键动力问题攻关和重大工程项目的开发工作，提出了建立"地面效应空气—流体力学"的框架设想并对其研究内容作了充实与发展，开拓了风工程和工业空气动力学应用研究，在结构风致振动、风力机气动弹性和体育流体研究等方面作出了创新性贡献。

1999年当选为中国科学院院士。

一、空天技术发展的历史与现状

一般认为,距地球表面100公里以下的空间为"空",100公里以上的空间为"天",但两者间并没有绝对的分界线。空天一体化是航空航天技术未来发展的趋势,是由现代高新技术发展引发的重大变革。

1903年,莱特兄弟研制成功世界上第一架带动力飞机(图1),实现了人类远久的飞行梦想。20世纪初,环量和升力理论的建立,奠定了低速飞机设计基础,使重于空气的飞行器飞行成为现实;20世纪40年代中期至50年代,可压缩气体动力学理论的迅速发展,特别是跨声速面积律的发现和后掠翼新概念的提出,帮助人们突破

▼图1 莱特兄弟制成的世界上第一架飞机

▲ 图2　第一架突破音障的飞机 X-1

　　了音障,实现了跨音速和超音速飞行(图2);50年代中期研制成功了性能优越的第一代战斗机,如美国的F-86、F-100,苏联的Mig-15、Mig-19等。第二次世界大战期间,军事航空的需求以及导弹武器的出现和投入使用,促使人们向更高的速度冲击。20世纪50年代以后,开始了超音速空气动力学发展的新时期。第二代性能更为先进的战斗机陆续投入使用,如:美国的F-4、F-104,苏联的Mig-21、Mig-23,法国的幻影-3等。

　　1957年,苏联发射了世界上第一颗地球人造卫星(图3)。1961年,第一艘载人飞船"东方号"升空,被认为是空间时代的开始。20世纪60年代以后,苏联、美国先后研制成功一系列载人飞船,如:苏联的载人飞船"东方号"、"上升号"和"联盟号";美国的"水星号"、"双子星座

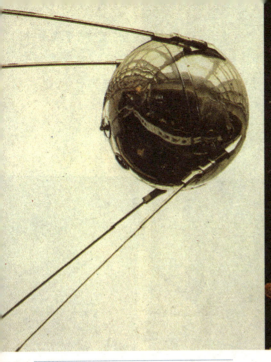
▲ 图3　苏联第一颗人造地球卫星

▲ 图4　美国"阿波罗11号"飞船

号"、"阿波罗号"(图4)等。70年代,世界各国出现研制发展空天飞机的热潮。1981年,美国成功发射了世界上第一架航天飞机"哥伦比亚号"(图5)。苏联也在1988年发射了"暴风雪号"航天飞机(图6)。航空方面的重点则放在了发展高性能作战飞机、超声速客机、垂直短距起落飞机和变后掠翼飞机。70年代以后,第三代高机动性战斗机陆续问世。如,美国的F-15、F-16,苏联的Su-27、Mig-29和法国的幻影2000。

飞船由于有效装载能力、机动飞行性能和可重复使用性等原因,在使用上受到很大限制。

航天飞机可重复使用,它的有效载荷能力强,原设想可以大幅度降低发射成本,但在实际使用中发现,航天飞机的研制费非常高,每次的发射费用也超出先前预

▲ 图5　美国航天飞机"哥伦比亚号"　　▲ 图6　苏联航天飞机"暴风雪号"

计,而且故障率比较高。2003年,美国"哥伦比亚号"航天飞机失事后,美国意识到,未来进入空间、控制空间、进行太空探索、向空间站运送人员和货物,迫切需要研究和发展新的空天飞行器。

美国早在20世纪90年代初期就开始执行"国家空天飞机"(NASP)(图7)的发展计划。该计划自1982年起步,由于在高超音速马赫数范围内,作为动力系统的超燃发动机的技术储备不足,而在短期内难以突破其技术关键,因此不得不于1994年下马,历时10余年,花费30多亿美元。此后,美国航空航天局(NASA)开始执行新的高超音速X飞行器(Hyper-X)计划,该计划有三个主要目标:一是对采用的设计方法进行飞行验证;二是继

▲ 图7　美国"国家空天飞机"(NASP)

续发展以超燃为动力的飞行器设计工具；三是降低由于气动力、推进系统、结构、发动机、结构一体化预估不准确可能带来的风险。1996年，美国开始研制以火箭为动力的空天飞行器X-33（图8）、X-34。由于对新型轻质材料的强度、韧性和防热性能等研究不足，2001年3月也宣布下马。

2001年6月，美国以超燃发动机为动力的空天飞行器X-43A首次试飞，在飞行速度达到$Ma=1$时，由于助推器失控，飞行器脱离B-52载机时偏离预定轨道，不得不引爆。

2004年3月27日，X-43A试飞获得成功（图9），以超燃冲压发动机为动力的飞行器的可控制飞行速度达到

▲ 图8 以火箭为动力的空天飞机 X-33

▲ 图9 以超燃发动机为动力的空天飞行器 X-43A

了每小时8000千米(Ma=7),持续飞行8秒钟,飞行高度达到28000米。X-43A还只是一个试验飞行器,进入实用阶段还有很多问题,例如超燃发动机的防热问题,等等。目前,X-43A采用的是热沉式冷却设计,而进气道唇口是开式全耗损水冷,这种冷却技术维持10秒左右的飞行时间还可以,时间长了,冷却就是一个大问题。此外,如采用更实用的碳氢化合物燃料,点火则比氢要困难得多。同时,进一步提高飞行Ma数也面临更多难题。

近年来,美俄等国在空天技术的研究与探索方面从未停止过。美国在2004年1月宣布的太空新计划中提出,在2010年前,研制新一代"载人探索飞船"(CEV)(图10),可一次将一组航天员及设备送往太空或月球,使载人飞船的功能得到显著提升。俄罗斯也在2004年3月公布了正发展被称为"空间快船"的新一代航天飞船(图11),以取代老的"联盟号"。它的飞行重量是"联盟号"的2倍,可以乘载6名航天员,重复使用25次以上。据称只要研制经费能够及时到位,五年时间便可建成。

美国国防部还宣布要发展可重复使用的"跨大气层

▼ 图10　美国新一代"载人探索飞船"(CEV)

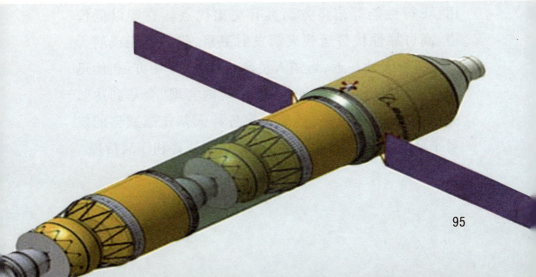

▲ 图11 俄罗斯新一代飞船"空间快船"

空天飞行器",认为它将成为未来最重要的新型空天飞行作战平台,可以为21世纪的空天运输和攻防对抗提供非常有价值的能力。它与目前正在使用的飞船和航天飞机相比有很大不同,在发射成本、可维护性、重复使用、飞行性能等诸多方面具有突出优点。它能以低价格、高可靠性代替运载火箭发射卫星,代替飞船或航天飞机进行天地往返,运送人员和货物;在军用方面,能迅速机动地进入太空空间,在两小时内实现"全球到达",完成侦察、作战任务,还能作为各种天基作战武器的发射平台,也可长期在轨运行,执行空间预警和作战指挥。

此外，美、俄和欧洲在空间探测和空间站建设方面也开展了大量工作。空间探测除探月外还发射了一系列行星探测器，飞往火星、金星、土星、木星等。自1962年苏联发射"火星1号"探测器以来，人类已向火星发射了30多个探测器，但2/3发射失败。2003年6月到7月，美国先后发射"勇气号"和"机遇号"火星车，历经半年时间，于2004年1月在火星成功着陆，现已陆续将火星上大量极其珍贵的信息传送回地球。在空间站建设方面，美、俄、日、加等16个国家共同建设的国际空间站，由6个实验舱、1个居住舱、3个节点舱、平衡系统、供电系统、服务系统和运输系统等组成，其总重量为500吨，可容纳7~15名宇航员同时在太空工作。该工作开始于1998年，预计投资500亿美元，工作寿命在15年以上。

二、空天技术的重要意义与作用

在国家综合国力的构成要素中，航空航天技术占据着非常重要的地位，它是国家实力和科技水平的象征。综观近年来发生的多次局部战争，无一不是从空中打击开始的。除陆地、海洋外，来自空天的攻击将成为对国家安全最严重的威胁。

以伊拉克战争为例，2003年美英等国联军出动各种飞机18000架，并首次动用了先进的F/A-18E/F战机。

充分利用空天地一体化信息系统的强大支持,空中作战武器平台的信息化程度比以前任何一次战争都高,共投下近3万枚炸弹,其中68%是制导炸弹和导弹。由于掌握了绝对的空天优势,结果用了不到四周时间而死亡仅115人的代价,就推翻了萨达姆政权,充分展示了空天优势在现代化战争中的作用。

空天优势是未来高技术战争条件下赢得胜利的战略制高点。美国总统肯尼迪早在20世纪60年代就说过:"谁控制了空间,谁就控制了地球。"1998年美航天司令部公布的《2020设想》,1999年公布的《美国防部最新航天政策》中都提出要"发展控制空间的能力"。未来20年,大力发展空天技术,提高"进入空间、利用空间、控制空间"的能力,将成为确保国家安全和国际地位最具有重要意义的问题。

空天技术的发展对国民经济和社会进步具有极为重要的作用,它的发展大大提高了人民的生活质量。以民用航空的发展为例:从20世纪60年代起,随着150座以上喷气客机的出现,航空运输在人类交通运输业中成为重要的交通工具。世界航空客运今后每10年将增长1.6万亿人千米,货运周转量平均年增长率将达到5%~7%。到2020年,世界航空客运量估计将达到6.4万亿人千米。2001—2020年,全世界航空公司大型喷气飞机总需求量将超过1.8万架,总价值将超过1.4万亿美元。我国是世界上民航运输增长最快的地区之一。1999年,全国民航年运输总周转量和旅客周转量已经分别上升为世界第9位和第6位。2003年,全国126个通航机场,飞机起降210多万架次,旅客吞吐量为17000万人次,货邮吞吐量520万吨。空运又是现有运输方式中最安全的。2003年全球共发生空难162起,死亡1204人,达到1945年以来的最低值。其中商务运营中发生事故25起,死亡677人。

航天技术与国民经济、社会发展和人民生活也有极其密切的关系,人们正广泛享用着航天技术的成果,如:卫星广播通信、气象观测预报、卫星导航定位(图12)、地球资源普查(图13)、生物育种、材料制备、医药合成等。以气象卫星(图14)为例,世界上现在有几十颗气象卫星,已构成全球观测网,120个国家建立了气象卫星数据接收利用服务站,昼夜不停地对大气环境变化进行观测预报,及时准确地对台风、暴雨、洪涝、干旱等自然灾害作出预报,大大减少了人员伤亡和财产损失。1988年以来,我国已发射了"风云"系列气象卫星7颗,卫星数据已在我国天气预报、气象研究、农业规划、灾害监测等方面发挥了重要作用。航天育种是空天技术又一重要的应用领域,利用太空环境高真空、高洁净、微重力、多种宇宙射线、重离子和交变磁场等特点,进行诱变育种(图15),引起株型、穗型、果型异变,大幅度提高作物产量,

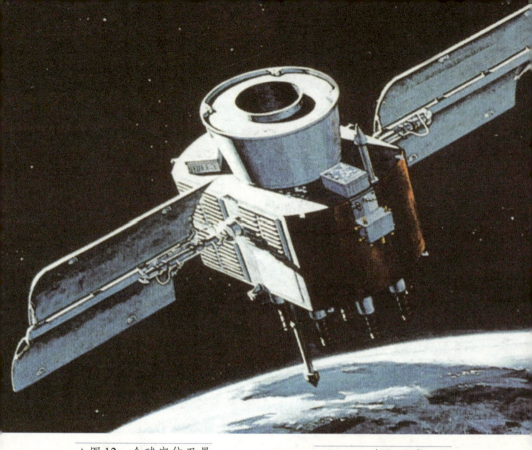

▲图12 全球定位卫星

▼图13 资源遥感卫星

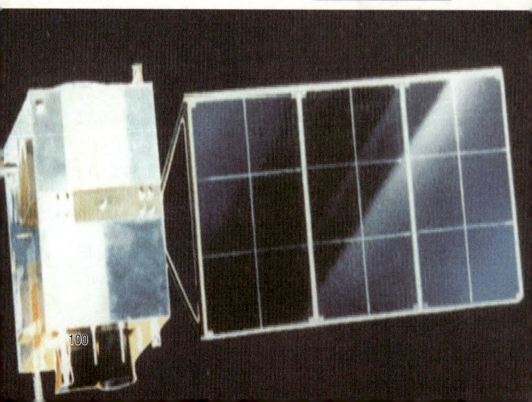

▲图14 气象卫星

▼图15 航天诱变育种

显示了非常诱人的前景。

三、空天技术的未来展望

进入21世纪后,世界各先进国家更加重视空天技术的发展。可以预料,今后十年或更长一些时间(2020年以前),航空航天技术必将有更大发展。正在研制和有可能进入型号研制的航空航天飞行器主要有:高机动性作战飞机、可重复使用的高超音速空天飞行器、大型高速民航机和军用运输机、新一代战略战术作战武器、军/民用卫星、空间实验室、无人侦察作战飞机(图16)、武装直升机、地效飞行器(图18、图19)、微型飞行器(图17)、智能控制可变形体飞行器(图21)和激光、动能等新概念武器等。

根据预测,在未来的十年中,航空方面,由于空气动力学的发展,飞机的阻力将下降15%~20%,由于材料和设计技术的进步,飞机的结构重量将下降20%,由于元器件可靠性提高和制造工艺的改进,飞机的事故率将下降80%。新一代军用飞机将具有超音速巡航、过失速机动、短距起降、隐身等能力,将配备更先进的电子武器系统,作战能力比现有飞机提高10倍;民用飞机将向更大、更快、更安全、更经济、对环境污染更小的方向发展。500~1000座的民航机可望投入使用。航天方面,包括运

▲ 图16　无人作战飞机

▼ 图17　微型飞行器

▲图18　俄罗斯大型地效飞行器"雌鹞号"

▼图19　我国自行研制的地效飞行器"天翼-1号"

▲ 图20　B-2隐身轰炸机

▼ 图21　智能型可变形体飞行器

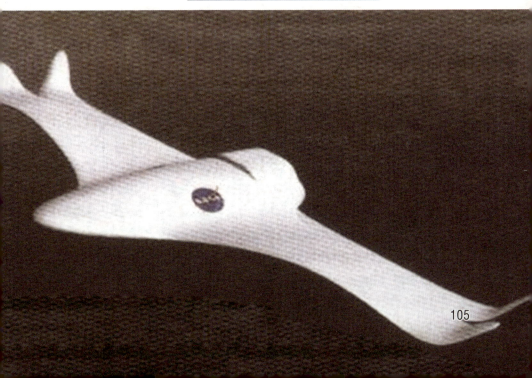

载火箭、卫星、可重复使用跨大气层飞行器和空间作战飞行器等在内的航天运输系统,将沿着高速、高机动、高可靠性、高隐形、精确打击、实时按需发射、可靠进入空间、迅速部署、扩展和维护、经济廉价、功能强、可重复使用等方向发展;控制空间将成为未来高技术战争条件下的战略制高点。要控制空间首先必须能进入空间,因此,发展进入空间的运载手段成为一项紧迫任务。远程、大纵深、精确打击将成为进攻力量的主体,建立全方位、多层次、灵活机动、快速反应的空天防御体系成为迫切需要。

◆ 四、面对挑战的我国空天技术

20世纪50年代,新中国刚刚成立不久,航空航天事业的发展就受到党和国家的高度重视。1956年制定的《科技发展远景规划纲要》把火箭与推进技术列入七个重点项目之一。50多年来,我国的航空航天事业飞速发展,获得巨大成就。航空方面,1954年试制成功第一架飞机初教-5(图22),1956年国产歼-5喷气飞机首飞成功,1960年我国自行研制成功了强-5飞机,1984年我国自行研制的歼-8飞机(图23)首飞成功。近年来,我国又自行研制成功歼-10飞机,其战术技术性能已达到国外正在服役的第三代歼击机的水平。

▲图22　我国试制成功第一架飞机初教-5

▼图23　我国自行研制的歼-8飞机

航天与航空科学技术集

航天方面,1960年中国自己制造的弹道导弹发射成功,开始了中国航天的新时代。1965年11月,DF-1中近程弹道导弹研制成功(图24)。1966年12月,我国自行研制的DF-2中导弹试飞成功,1970年成功发射我国第一颗人造地球卫星。1970年4月,"长征1号"运载火箭(图25)发射成功,到80年代中期已初步系列化。经过40多年的努力,相继研制成功多种运载火箭,发射了近地卫星、地球同步、太阳同步、载人飞船等70多颗航天器。1990年开始进入国际商业卫星发射市场,成功发射了多颗国外卫星。1992年开始发展我国载人航天技术,并确定载人航天应当从载人飞船起步。

▼ 图24　1965年11月,DF-1中近程弹道导弹研制成功

▼ 图25　我国自行研制的"长征"火箭

空天技术的发展现状与未来展望

1992年9月，中国载人飞船工程被批准立项并开始实施。历经七年的论证、研究、设计、建造、试验后，1999年11月20日，"神舟一号"飞船发射升空，在太空正常运行1天后，准确着陆在预定区域。"神舟一号"至"神舟四号"飞船的飞行试验，积累了大量实际经验，为载人飞行奠定了基础。2003年10月15日，"神舟五号"发射成功（图26），我国首次实现载人航天飞行。2003年10月16日，"神舟五号"胜利返回地面（图27），首次载人航天飞行获得圆满成功。2005年10月12日，我国自主研制的"神舟六号"载人航天飞行，第一次将两名航天员同时送

▼图26 "神舟五号"发射成功

▼图27 "神舟五号"胜利返回

上太空。2005年10月17日,"神舟六号"载人飞船安全返回。

此外,2000年我国建成了由两颗卫星组成的区域性的"北斗"导航试验卫星系统。2003年5月26日,我国又在西昌卫星发射中心成功将第三颗"北斗1号"导航定位卫星送上太空,标志着我国已成功建立了自主的卫星导航系统——第一代"北斗"卫星导航定位系统。

在空间探测方面,我国与欧洲空间局合作的"双星计划",利用两颗轨道相互交叉的卫星进行大范围的磁层空间同步探测。"双星"将与欧洲空间局发射的"团星Ⅱ"四颗卫星一起,形成人类第一次从太阳到地球空间的六点立体探测体系。这是我国与欧洲空间局合作的第一个科学探测卫星项目,也是我国航天史上第一个真正意义上的空间探测计划。

关于我国航天的未来发展,国家航天局公布的《中国航天白皮书》宣布:今后10年或稍后一些时期,我国将大力发展能够长期稳定运行的对地观测卫星体系;建立自主经营的卫星广播通信系统、导航定位卫星系统;建立新型科学探测与技术试验卫星体系;进一步发展载人航天技术、空间实验室、月球探测及深空探测技术、载人航天和天地往返运输系统、天地一体化信息系统。军用航天(各类侦察、通信、导航卫星和其他航天器)、空天作战武器等在重大需求的推动下也必将有很大发展。

2003年3月1日,国家航天局宣布启动月球探测计划,定名为"嫦娥工程"。经过半个世纪在航天技术方面的努力,我国实施该计划的时机和条件已经成熟,探月的路径已经确定,一些关键技术也有突破。我国已有能力发射绕月球飞行的月球探测卫星。

可重复使用的航天器,由于在发射费用、发射准备周期、有效装载能力和运营效益等方面的优越性,而受到世界各国的广泛关注。我国在这一领域也正在积极开展研究工作。

未来空天飞行器平台的显著特点是多采用具有大升阻比的升力体构型。其结构是超轻质、高强和功能结构一体化的具有最先进的高超音速动力系统、结构防热系统、控制系统和安全保障系统。这类飞行器所具有的复杂外形和飞行环境引起一系列极为复杂的流动现象,如:激波、分离、旋涡、湍流、化学反应和等离子体流动,力、热、光、电磁多场耦合等。它们独特的服役条件和特定的作战使命要求,引出一类对现有科学知识具有挑战性的新课题,如:强—短时载荷的耦合效应、高应变率—高温升率与结构间的非平衡耦合效应、智能材料与结构、智能自主控制技术、微流体力学和微系统动力学等。

五、结束语

21世纪前50年,空天技术的发展将非常类似20世纪前半叶航空技术的发展。今后若干年内,在强大的空、天、地一体化信息系统的支持下,战争将是全方位、大纵深、立体化的,一改过去传统的单一武器独立作战模式,变成海、陆、空、天、电五位一体,进攻与防御间的体系对抗。从空中(空间)作战支援发展到空中(空间)格斗以及从空中(空间)向地面实施远距离精确打击,将逐步成为具有战略意义的行为。这些都对空天技术发展提出了多方面的严格要求。

航空航天技术是涉及多种学科的高技术领域,空天飞行器研制中面临的基础性的关键技术问题也是多方面的,我们现有的科学技术基础尚不足以圆满解决所面临的各种复杂而困难的问题。大力加强基础理论研究,不断改进和提高地面模拟实验、数值计算以及理论分析能力,仍然是十分迫切的任务。在这里,我们要特别强调基础研究和工程应用有机结合和协调发展的重要性。航空航天工业作为高技术产业,基础研究更应先行一步。

要"以人为本",鼓励创新,大力营造鼓励创新的主客观条件与宽松环境,积极培养大批优秀的年轻航天科技人才。继承和发扬"两弹一星"精神和载人航天精神,为加速发展我国航空航天事业而努力奋斗!

美国"亚特兰蒂斯号"航天飞机

空间信息技术与社会可持续发展

童庆禧

一、遥感的任务和功能
二、遥感空间信息在资源、环境、人口、灾害及
　　国家宏观管理和政府科学决策中的作用
三、遥感空间信息与国家安全

【作者简介】童庆禧,遥感学家。湖北武汉人。1961年毕业于苏联敖德萨水文气象学院。中国科学院遥感应用研究所研究员。我国最早从事遥感研究的专家之一。他早年从事气候学、太阳辐射和地物遥感波谱特征研究。在我国首先提出关于多光谱遥感波段选择问题,并在理论、技术和方法上进行了研究。主持了中国科学院航空遥感系统的研制,"七五"攻关中发展成为具有国际先进水平的"高空机载遥感实用系统"。倡导和开展了高光谱遥感研究,在岩石矿物识别、信息提取和蚀变带制图方面取得了突破。根据植被光谱特征研究发展的高光谱导数模型和光谱角度相似性匹配模型等为高光谱遥感这一科技前沿的发展与应用奠定了基础。

1997年当选为中国科学院院士。

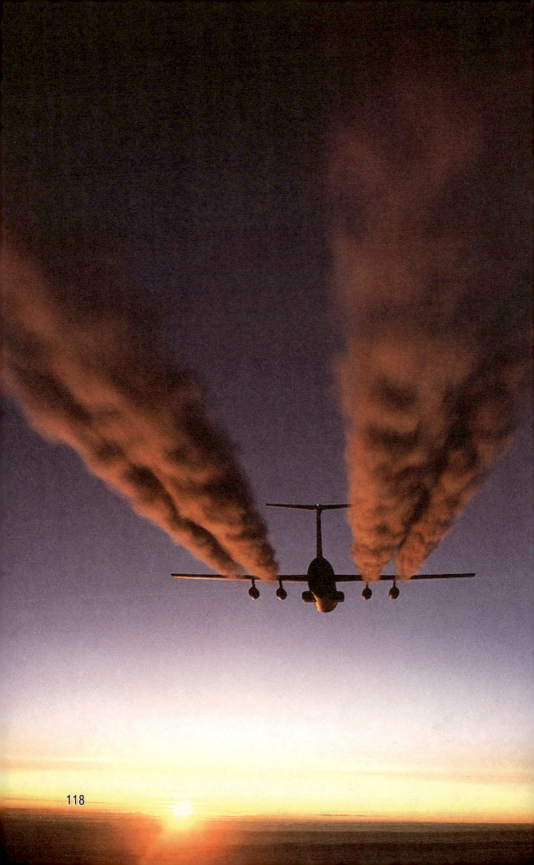

什么叫做空间信息技术？实际上，这在国际上也没有一个完整的定义。现在我们国家用得比较多的，在我们这里往往又称为地理空间信息技术，从技术层面上来看，它是遥感（RS）、地理信息系统（GIS）、卫星全球定位系统（GPS）与通信技术、网络技术的综合集成，将空间对地观测信息的获取、处理、分析、应用结为一体的信息技术体系。从目标层面来看，整个空间信息技术的主要目标是研究并支持社会可持续发展。我们所指的社会经济文化的可持续发展，体现了资源、环境、人口的和谐与协调，特别是在当前人类面临着严重的资源亏缺、环境恶化、人口剧增、灾害频繁等问题下，随着它的社会功能的不断完善和提高，支持社会可持续发展的能力也就越强。经济社会的可持续发展，当然首先需要有资源环境和人的支持，但信息也同样是一个很重要和不可或缺的方面。我们这里要谈的主要涉及空间信息技术中的遥感问题。那么什么是遥感呢？遥感就是远离目标、不直接接触物体来感知、测量和判定该物体的物理和几何特性的现代新兴技术。遥感本身是物理学、电子学、光学、计算机科学的发展并与地学、宏观生物学等相结合的一个集中的体现。

遥感所利用的资源主要是电磁波资源。我们眼睛能感受到或看到的光线只是电磁波中非常有限的一部分，我们叫可见光。实际上有大量的比可见光短或长的电磁波,我们的眼睛根本感受不到。遥感采用特殊的仪器,可以利用到十分宽广的电磁波范围(图1)。比可见光短的叫紫外线,比可见光长的叫红外线。红外线又可分为近红外、短波红外、中波红外,还有热红外和远红外,再长还有微波、无线电波等,它们的波长可以达到几千米、数十千米、数百千米,甚至数千千米。遥感利用电磁波,利用各种物理光学和微波仪器,从空间来观测地球。从空间观测和研究地球资源和环境、研究地球表面所发生的事件和现象已经成为现代地学技术的一种倾向。图2表示了空间对地观测系统的状况。当然,现在

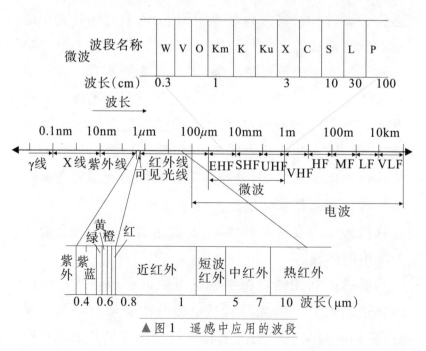

▲图1 遥感中应用的波段

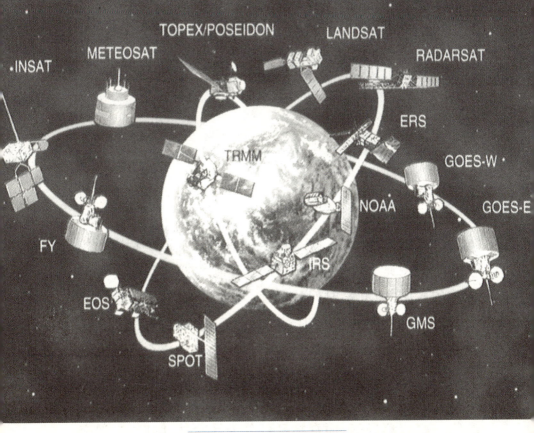

▲ 图2　空间对地观测系统

围着地球转的,绝不仅有图2中几颗卫星。图2表示了三种不同的轨道,如在数百千米上高度运行的低轨道,在几千千米上运行的中轨道,在最外层是地球同步轨道,地球同步轨道的卫星是在地球赤道平面上空约36000千米处。在这个轨道上,卫星相对地球而言是基本静止的。例如我国的"风云2号"气象卫星、"北斗3号"导航卫星等就是地球同步轨道卫星。我们的地球实际上随时随地都在被卫星所观测着。所以用国际上通用的一句话说,在任何时间、任何地点,对任何事件、任何人,它都可以提供对地球的观测数据和由此所分析或派生出来的信息。

一、遥感的任务和功能

1. 空间对地观测

所谓对地观测,就是从卫星或飞机上通过特定的技术手段对地球进行观测。通过观测数据来判断各种地物的光谱、空间和时间的属性,定性、定量和定位地分析地球表面的物体。同时,经过分析,把不同的物体分成不同类型。我们经常讲物以类聚,也就是这个道理。我们经常讲的四大地物,如岩石、水体、植被、土壤等,这些地物实际上可以再进一步细分。就植被而言,有农作物、森林、草场等,而森林又可分为针叶林、阔叶林、混交林等。对地物进行分类是遥感非常重要的功能或任务。再进一步而言,遥感的一个重要功能就是要对目标进行识别。在地球表面上,我们经常需要了解一个地物、一个现象、一个事件或一个过程是什么(What)、在什么地方(Where)和什么时候(When)发生的,也就是所谓的"3个W"。这些都是遥感必须回答的,最终我们要判别它到底是什么东西。这无论是对于民用还是军用来说,都是非常重要的。我们讲的遥感地理空间信息(Remote Sensing Geospatial Information),也就是首先要确定空间对地观测的目标和对象。遥感主要反映的是地球表层及其所存在自然和人工地物的状况、类型、空间分布和它的变化等。这里所说的空间是什么呢?它实际上有两层含义:第一层含义,它表示从空间获得的对地观测信息;第二层含义,它反映了地球信息的空间属性。地球上的许多信息,都具有位置或坐标性质,也有它的尺度,也就是在空间上的延伸。信息的空间属性实际上是信息一个非常重要的特性,如果信息没有了空间属性,信息的价值就要大打折扣。比如,我们要去找一个人,如果完全不知道这个人在什么地方,或者你根本不知道他的空间位置,要找这个人就等于是大海捞针。从军事上来说,比如说只知道对方有什么目标,但完全不知道这个目标的空间位置,那么要想对这个目标实施军事打击是无法实现的。所以我们说地物的空间属性是非常重要的。空间对地观测信息主要是指以影像为表征的地表的信息。这种信息具有空间特性、几何特性、辐射特性、光谱特性和时间特性。任何地物及其所表现出来的信息实际上时时刻刻都处在一种动态变化的过程中。

任何一个我们要感知或探测的地物都有三大属性。第一是空间属性,任何物体都有一定的空间大小或尺寸。第二是辐射特性,我们看物体的影像,实际上是由这个物体对外界辐射或光线的反射所造成的。这种辐射对我们的眼睛产生一种刺激,物体的辐射强度越强,对我们的眼睛刺激就越强。把房间的灯都关掉,眼睛感知不到物体,我们就看不见东西了。第三是光谱属性,也就是说,物体所反射或发射的辐射并不是只有一个单一的波长,实际上是连续的光谱,这就是我们所能看到的颜色。任何地物都是在这三个方面展开,比如说通过地物的光谱测量,可以得到地物的光谱曲线。我们把辐射和空间结合起来,可以得到辐射在空间里的非均匀分布所形成的一张图像。如果把辐射、光谱和空间结合起来,就能得到一种既有图像又有光谱的信息。实际上,现在人类充分利用了各种类型的对地观测卫星和飞机等遥感技术来观测地表的物体及其现象和过程,了解我们的河流、山川、土地等等,将各种观测数据用以服务于国家的经济建设和国家安全。现在,在空间中有成百上千个卫星围绕着我们的地球转,低的几百千米,高的有几万千米,它们随时不断地观测着我们的地球。

2. 空间对地观测系统的发展

自从1957年苏联发射第一颗人造地球卫星以来,人类进入了空间时代,而自从1960年美国发射了第一颗气象卫星以来,特别是1972年美国发射了第一颗地球资源卫星以后,更是开创了通过卫星从空间来观测地球的历史。到现在为止,人们已向空间发射了大量的卫星和各种飞行器。据不完全统计,其数量可达五六千颗之多。各种各样的卫星,其中有相当一部分是对地面进行观测的,虽然大部分卫星现在已经不起作用了,但仍然还有数十颗在运行,还在不断地进行着观测,不断地向我们发送各种对地观测数据。预计最近若干年还会有大量的卫星发射升空。

遥感的发展是通过不断提高观测能力来实现的。现代的遥感技术往往是通过从空中或空间获取图像信息来体现的。这中间有个分辨率的问题,对遥感信息来说,有空间分辨率、光谱分辨率和时间分辨率。空间分辨率表示遥感影像对地面物体分辨的大小,通俗地说,也就是地物的清晰程度。现在从几百千米的卫星获得的影像上可以看到小于1米的地物。光谱分辨率是表示一幅影像所占的光谱区间,光谱区间越小,光谱分辨率也就越高。通常一张照片,如彩色照片,只有三个颜色,也就是只有三个波段。而现代遥感技术的发展已经可以从卫星或者飞机上得到数十、数百以至上千个波段的信息。时间分辨率是表示重复观测一个地区的时间间隔。重复观测周期越短,时间分辨率也就越高。这三种分辨率实际上也是一组矛盾,时间分辨率越高,空间分辨率就不可能很高。同样,光谱分辨率高了也会影响空间分辨率。

遥感卫星的发展从20世纪70年代到现在,其空间分辨率可以说几乎每十年提高一个数量级,20世纪70年代,民用卫星的分辨率大体是80~100米,但到本世纪初,卫星遥感的空间分辨率已经高于1米了(见表1)。

光谱分辨率也几乎遵循同样的规律,不断地提高。现在可用的民用卫星,其空间分辨率已经达到了0.6米。

表1 遥感卫星(民用)分辨发展趋势

年代	空间分辨率(米)	光谱分辨率	
		λa	波段
20世纪70年代	80～100	$\lambda^{-1} \sim \lambda^{-2}$	<10
20世纪80年代	10～30	λ^{-2}	>10
20世纪90年代	1～10	λ^{-3}	10～100
21世纪	高于1	λ^{-4}	100～100

3. 对地观测技术的发展趋势

对地观测技术的发展趋势体现在以下四个方面。一是探测目标、解决问题和信息服务能力的拓展和深化。最重要的是体现在前面所说的三个"W"问题上。二是观测能力不断提高。主要表现在全天候、全天时和全球观测能力上。现在遥感已具备不管刮风下雨,不管白天晚上,无论全球任何地方都能观测无误的能力。遥感的发展对于我们认识的提高是一个很大的飞跃,可以真正做到"秀才不出门,能知天下事","运筹帷幄,决胜千里"。三是向高空间分辨率、高光谱分辨率和高时间分辨率的方向发展并同时提高,即所谓的三"高"发展趋势。现在的气象卫星,包括中国的气象卫星在内,每天可以把全球观测两遍。现在我们随时可以从电视台上看到天气预报,就是得益于气象卫星对地球的观测。四是综合观测的发展趋势。具体体现在三个结合上,即大卫星和小卫星的结合,航空和航天遥感的结合,技术发展和应用的结合。

全球的观测能力是现代遥感的一个重要特征。我们现在讲全球变化,遥感是其中重要的贡献者。实际上,人的眼睛所能看到的范围是非常小的,而遥感正是人的眼睛的延长和拓展。卫星遥感给我们提供了非常宏观的观测能力,借助卫星,人们可以实现对全球的观测。通过卫星观测,可以得到全球土壤湿度状况、全球植被的分布状况、海洋浮游生物的空间分布及其富集状况等。通过卫星观测,人们随时都可以监测全球的变化。

(1) 海洋表面的温度监测

图3是通过咱们国家发射的"风云1号"气象卫星所得到的全球海洋表面的温度状况图。图中温度比较高的区域,最高温度甚至达到32摄氏度,还有温度比较低的区域。大家记忆犹新的是1997年厄尔尼诺现象大爆发,这是最近十几年以来最强的厄尔尼诺现象,它对全球特别是东半球产生了重大的影响。厄尔尼诺现象的影响从南美洲的西海岸一直扩大到澳大利亚、新西兰、印度尼西亚、菲律宾等国家。上述许多地区雨量偏多,

但也有不少地区实际降水量非常稀少,导致1997年冬季和1998年春季印度尼西亚、马来西亚等国降水偏少,异常干旱。那一年,在东南亚一带出现了非常严重的森林火灾,严重的时候甚至连飞机的起降都受到影响,有时连机场也不得不关闭。大家同样记忆犹新的是我国1998年的特大洪水,实际上都是受到整个海洋厄尔尼诺和拉尼娜(La Nina)现象影响的结果。通过卫星观测,人们还可以了解到对地球起到保护作用的臭氧层受到破坏所形成的空洞,而且臭氧空洞还在不断扩大,这对人类是非常不利的。

(2) 全天候观测

全天候观测的问题是遥感发展的一大趋势。我们在卫星和飞机上采用的雷达遥感器,它就可以透过云层

▼图3　全球海温图

风云1号(FY-1C)全球SST

1999.6(26-28)

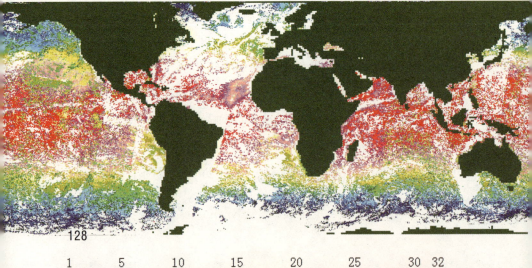

空间信息技术与社会可持续发展

观测地面。美国在2000年用航天飞机带上去的一个雷达地形制图仪,于2000年2月11号发射上去,2月22号返回地面,一共工作了11天的时间,飞行高度为233千米。它的一个天线伸展出去60米。在这11天中,它把北纬60度到南纬56度之间1.126亿平方千米的范围做了一次完整的测绘,获得了非常丰富的数据。

现在我们再看一看遥感是怎么回答是什么、在什么地方、什么时间的。实际上,卫星的轨道是非常准确的,因此,卫星所获得的信息都可以精确定时和定位。图4是美国纽约曼哈顿地区的高分辨率卫星遥感图像。大家可以看到,图4中两座世贸大楼在2001年9月11日之前是完好的。但是就在9月12日,即"9·11"事件之后的第二天,这两座大楼已经坍塌,冒出的浓烟正笼罩在纽

▼ 图4 美国"9·11"事件前后纽约世贸大楼的比较

约的上空,这完全是用卫星在700多千米高空拍下来的,我们可以非常清楚地看到每一栋楼(图4)。华盛顿美国国防部的五角大楼也遭到同样的命运。9月12日,五角大楼的一个角被削掉了。通过卫星观测的跟踪可以看到,在2002年6月3日的时候,它基本上得到了重建。通过上述事例充分说明,遥感卫星有这种能力来回答前面所提出的问题。由于光谱分辨率的提高,又从另外一个角度提供了回答"是什么"的问题。这里可以用北京沙河地区的高光谱遥感来说明。我们可以看到对这个地区进行的详细分类,它告诉我们,哪些是植被,哪些是水体,哪些是高速公路,哪些又是一些不同材料的屋顶。我们可以把经过分类的植被、高速公路、煤堆、水泥表面甚至油毡屋顶提取出来,分别表示。

(3) 高空间分辨率遥感

遥感的一个重要发展趋势就是高分辨率的发展趋势,即向高空间分辨率、高光谱分辨率和高时间分辨率的方向发展。1999年,美国发射了一颗名为IKONOS的高分辨率卫星,也就是"9·11"事件以后监视纽约世贸大楼和华盛顿五角大楼的那颗卫星(图5),它的分辨率为1米。美国2001年又发射了一颗叫做"快鸟"的卫星,这颗卫星的分辨率是0.61米,也就是61厘米的分辨率,这是它最重要的参数。这颗卫星还有一个彩色的多光谱成像仪,它的分辨率是2.44米。这里我们可以看到IKO-

▲ 图5 IKONOS卫星

NOS卫星所得到的北京天安门广场的照片(图6)。在这幅照片中可以看到天安门广场上的许多细节,包括瞻仰毛主席纪念堂排队的人群,人们排的队形成为一条很细的线条进了纪念堂,而离开纪念堂的人流就散开了去。这就是0.61米分辨率的卫星所得到的北京天安门广场的照片,应该说有一些地方看得更清楚了,如天安门广场上单独的人、正在建设的国家大剧院等。

(4)我国的卫星发展状况

随着国家经济社会的不断发展,我国发射卫星的数量和质量都有很大的提高。图7是我国的"风云1号"气

▼图6 天安门广场

▲ 图7 "风云1号"气象卫星在进行整星实验

象卫星正在总装室里面进行调试;图8是"风云2号"地球同步卫星,也就是定点在36000千米赤道平面上的卫星。地球同步卫星与地球的位置是相对不动的,因此,"风云2号"气象卫星能得到一个相当于地球半球的影像。这种卫星影像基本上可以在半个小时以内获得一幅地面影像。所以地球表面所发生的宏观性的重大事件和现象,实际上都会被人们利用卫星尽收眼底。

　　我国从20世纪70年代以来,已向空中发射了将近50颗国产卫星。最近我们还将进一步发射我国的卫星,特别是通过卫星来进行对地观测。图9就是我们发射的第一颗地球资源卫星,又称为中—巴地球资源卫星,它

▲ 图8 "风云2号"地球同步卫星

空间信息技术与社会可持续发展

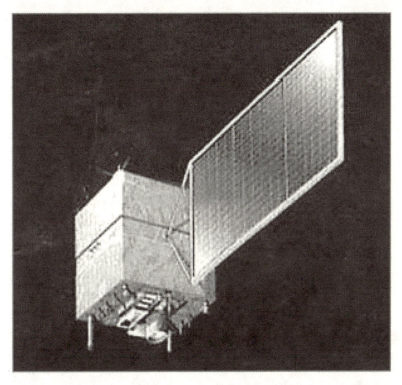

▲图9 中—巴地球资源卫星

是和巴西联合研制的。它的分辨率是20米,也就是说,我们可以看到一个比较宏观的、但同时也是比较细致的地球表面的影像。我国于2002年3月份发射的"神舟三号"宇宙飞船上载有一台中分辨率成像光谱仪,后来发射的"神舟四号"和"神舟五号"上都会一直不断地进行对地观测的科学实验。我们"神舟三号"的中分辨率成像光谱仪从整体上来讲是比较先进的,它共有34个波段。在我们眼睛所能见到的可见光范围之内,有20个波段,在我们眼睛不能见到的近红外光谱区共有10个波段。此外,短波红外有一个波段,热红外有三个波段。通过这样的仪器,我们可以不断地对地球进行观测。这个成像光谱仪最大的优点,是可以把地面的地物和它的光谱特性结合起来。

(5) 高光谱遥感

现在无论是我国还是国外,都在发展一种新的遥感仪器,叫做高光谱成像仪,图10是高光谱成像仪的影像的集合体,我们把它称为图像立方体,实际上它是一个图像,这个图有80个波段,通俗地说,它相当于一副扑克

▼图10 高光谱图像的特征(PHI)

牌一样，里面的每一张扑克牌都是一个影像，但是它的波段不一样，所以从这里面可以得到它的光谱，得到任何一点的光谱特性，这是高光谱成像仪的特点。通过我们的高光谱遥感仪器，从飞机上或卫星上就可以获得地面的高光谱影像。

（6）大卫星和小卫星

我们现在所能用的空间遥感数据，有很多来自较大的卫星，有一些来自较小的卫星，也有一些来自航空遥感。我们现在用得较普遍的一些数据来自美国发射的一个叫做地球观测系统（EOS）的卫星组，这是一种很大的卫星观测平台，这颗卫星上装了五六种大型的仪器，实现综合的对地观测。2002年，欧洲发射了一颗叫做"环境卫星"的大型卫星，它的重量有8.2吨，研制的周期长达15年，整个耗资20亿欧元。这颗卫星能力非常强，是一个很综合的卫星，它的主要任务是研究全球变暖、臭氧层破坏、厄尔尼诺现象、世界森林变化、海平面上升、大气污染、自然灾害，等等。同时，我们也应该看到，除了这种大型的卫星以外，同时在天上飞的，还有一些小型和微小的卫星。与常规的大卫星相比，这种卫星要小得多，它的大小只有几十千克，甚至几千克，比一个人还要小。清华大学曾经发射了一颗微小的对地观测卫星，在空中也可以对地面进行照相。现在，国家遥感中心也正在与国外合作研制和发射一颗高性能对地观测小卫星，这颗高性能对地观测小卫星有两个遥感器，一个是32米分辨率的多光谱成像仪，它的地面覆盖宽度可以达到600千米宽；第二个遥感器是一种全色固态成像仪，它的地面分辨率是4米，地面覆盖宽度为24千米。这是一种多光谱和全摄的有效组合。它的轨道高度将近700千米，重量仅为160多千克。

（7）航空遥感

除此以外，航空遥感也同样受到重视。现在，无论是美国等发达国家还是发展中国家，都还是不断地利用飞机装载各种遥感仪器对地面进行遥感探测。飞机有相当大的灵活性，可以装很多仪器，有利于实施航空对地观测。例如美国的一种高空遥感飞机，是由原来的军用高空侦察飞机改装而成的，它可以装十几种甚至更多的仪器来对地进行综合观测。现在国外正在发展一些能飞行在平流层的超高空的无人飞机或飞行器，它们的飞行高度可以达到20多千米以上，也可以用来对地面进行有效的观测。现在有一种以太阳能为动力的无人飞机，它的飞行高度甚至可达到30千米，它在平流层高空上可以留空的时间超过100小时。这就是说，人类除了利用卫星和常规的飞机以外，还可以利用并正在利用一些更先进的以太阳能作为动力的超高空无人机。

图11是中国科学院装备的高空遥感飞机，这两架高空遥感飞机从1986年引进和改装到现在一直还在运

行。而中国科学院研制的一些遥感仪器,也曾经应邀到国外进行了飞行,开展合作研究。我国除中科院以外,其他一些部门如航天部门和一些高校等,都在遥感技术和应用的发展中发挥了很大的作用。近年来,由国家"863"高技术计划支持,我们国家在遥感方面,特别是航空遥感、卫星遥感,包括小卫星遥感方面,取得了很大的成绩。从可见光到微波,包括合成孔径雷达在内的各种类型的遥感仪器都在研制,有的已研制成功。

(8) 卫星导航和定位技术的发展

卫星导航定位技术现在已经深入人心了,国内外很多出租车上都安装了卫星导航定位系统,这对出租车的运行调度有很大的作用。我们经常讲的遥感,实际上往

▼ 图11 中国科学院高空遥感飞机

往是代表空间信息的集成,或称为遥感地理空间信息,是所谓的"3S",也就是遥感、地理信息系统和卫星定位系统的综合集成。现在我们谈到卫星定位系统,往往以美国的卫星定位系统(GPS)作为典型的范例,因为美国的卫星定位系统应用非常广泛。俄罗斯的全球导航卫星定位系统(GLONASS)也有一定的使用和覆盖范围,但是没有美国这一套系统覆盖得这么宽,它在全球的各个领域都在用。实际上,卫星定位系统一共有24颗卫星围绕着地球转,随时的任何目标,都可以同时看到若干颗卫星,通过接受卫星的信号,进行解码和计算,人们就可以准确地知道接收机的准确位置。其中精度最高的是美国搞的单站战军用P码,它的定位精度可以达到3米,甚至1米。

我们一般可以得到15米到30米的精度,而这个定位精度对解决资源探测环境研究,特别是自然灾害的监测和评估会发挥很大的作用。如果我们采用差分技术,它的精度还会大大提高。这种差分技术,就是在地面建立一个基准站,与它的坐标位置一致的基准站,通过基准站和卫星能够形成一个联网,这样,通过对基准站数据的广播,我们可以得到更精确的定位信息。现在我们国家在高精度的GPS方面,以美国的卫星作为应用的对象,实际上已经构成了非常密的GPS网,可以在我们国家的任何地方通过这个网,观测到你的位置。现在甚至

空间信息技术与社会可持续发展

可以把GPS装到飞机上,对飞机进行定位。比如说我们在进行航摄的时候,在进行遥感的时候,实际上可以对GPS定位,进行导航。它的应用范围非常宽,非常广。有人做了这样一个比方,如果遥感的市场是1的话,地理信息系统的市场可能是10,而GPS对地卫星定位技术的市场可能是100。也就是说,从遥感的服务对象来看,在中国和一些发达国家,它的服务对象主要是政府,包括一个国家的地方政府、中央政府。地理信息系统(GIS)的服务对象可以是很多公司,可以一直到非常小的单元,而GPS的服务对象一直可以到每一个人。现在国内外都研制出这种服务体系,一直到每一个人的服务体系,所以有的人甚至把这种卫星定位的接收机装到小孩的身上,让他背在书包里面。这样,他到什么地方,他的家长随时都可以知道他的位置。

◆二、遥感空间信息在资源、环境、人口、灾害及国家宏观管理和政府科学决策中的作用

遥感应用在我国已经取得了很大的进步,已经成为国家经济建设、社会发展和政府科学决策的重要信息支撑,比如说对土地资源、土地利用和它的动态监测,已经在我国作为运行系统运行,不断地提供相关数据。我们

对主要的农作物进行了遥感估产,对森林资源进行了调查,对植树造林、退耕还林进行了评估。对一些重要的自然灾害,遥感一直在进行着监测和评估。我们每天听的天气预报,实际上就是采用了气象卫星的遥感数据。

1. 土地覆盖、土地利用的遥感调查与监测

因为有了遥感,我们可以科学、客观地分析全国的土地利用状况,可以看到不同的土地利用状况,如幼林地、灌木林、草地、河流、湖泊、农业用地、城市用地、工业用地等,这些都可以通过卫星遥感分析得到。我们也可以利用遥感技术看到中国耕地分布的空间格局。我国的耕地,主要分布在东部,从华北到华东一带,四川的耕地也相当密集。林地在中国主要分布在东北、西南等地。草地基本上分布在中国的西部。建筑用地的空间分布,反映了这些地区人类活动的状况。我国沿海地区,特别是珠江三角洲、长江三角洲地区,人口密集,反映了这些地区人类活动的剧烈程度,这些地区的土地利用程度非常高。从1996年到2000年中国土地利用的变化状况中,我们可以看到水田、旱地、林地、城市用地的变化,等等。这些都是用卫星可以不断监测的。

(1)城市遥感

城市和城市群的发展,城市的热岛效应,都是我们人居环境的重要组成部分。现在,城市建筑密度越来越大,建筑物互相辐射,加上夏天的空调,因此在每一个城市,都形成了一个热源,它比周围的温度高,最高的时候可能高出4~5摄氏度。一个环境非常良好的城市,不应有明显的热岛效应。目前,北京市政府采取了很多措施,特别是在申奥成功以后,加大了环境建设的力度,不断地提高和改进我们的城市环境。现在我们强调一个区域的建设,都要有相当的绿地。所以北京市的绿地会不断地扩大,也就是说,将来的热岛效应会逐渐下降。但是城市毕竟比周围温度要高一些。我们看到在长江三角洲——苏州、无锡、常州、上海、南京这一带城市群的发展,可以看到我们国家基本建设的发展。遥感可以为国家的管理者包括党和国家领导人提供科学客观的信息,为国家建设的宏观决策发挥信息服务的作用。

(2) 森林遥感

在有关森林的遥感影像上,用红颜色来表示森林,这是遥感的一种特别表达方法,也是国际上大家公认的一种有利于显示植被的方式,它被称为假彩色。红颜色越浓,表示森林或植被越茂密。我们用了一些圈来显示森林的变化,在一些圈里两个时期森林变化很大,有的原来很好的森林被毁掉了,有的是人为砍掉的,有的则可能是被烧掉的。当然,也有个别森林变好的。虽然这只是一个局部的例子,但它还是具有代表性。从整体讲,森林也和整个环境一样,局部有所改善,但在整体上还需要进一步加大治理的力度。此外,我们也可以从遥感影像上看到防护林带的建设情况。从世界范围内看,有两个地方的森林是最重要的:一个是东南亚地区,一个是巴西的亚马逊河流域。巴西的亚马逊河流域森林的面积有几百万平方千米,有的人把它称为地球的肺,这是很有道理的。现在,亚马逊河流域的森林也遭到很大的破坏。被砍掉的森林几乎都是在沿着交通线的地方,看来这和当地的经济发展有关。亚马逊河流域森林的砍伐,现在看来有增无减,还在加剧,所以引起了全世界的广泛关注。我们曾获得用雷达得到的亚马逊河流域森林地区的一个图像,经处理成彩色以后,一些信息就能得到更好的显示。图中还表示了地表的高程或地形,也能表示森林的高度。因此,这样的雷达遥感技术可以获得地表非常综合的信息。

(3) 海岸和红树林

红树林是海岸带的宝贵财富。因此,国际上非常重视红树林的保护。在我国,比较好的红树林并不很多,它们主要分布在海南岛、广东、福建等地。从海南岛的一个红树林地区的影像来看海南岛东寨港红树林保护区从1987年、1996年、1998年、2000年到2002年红树林面积的变化,通过仔细分析和计算,我们可以看到红树林的面积实际上是在不断地减少。从整个海南岛的情况来看,从20世纪50年代到2000年,红树林的面积一直在下降,现在已经非常少了。所以我们要加大对这种珍稀树种的保护。红树林既保护了海岸线,同时又是一个海岸生态和海岸生物多样性的重要依存环境。很多珍贵的鱼类和其他生物资源都在这里繁衍生息。为了眼前的一点小利,破坏红树林这样的宝贵资源,是得不偿失的。

2. 自然灾害的遥感监测

自然灾害的监测和评估,是遥感和空间信息非常重要的应用领域。我国是一个自然灾害非常频繁的国家,每年由于干旱、洪水、山崩滑坡、泥石流、雪灾等造成的经济和人民生命财产的损失都要以千亿人民币来计算,这是一个非常严峻的事实。采用遥感技术不断监测灾害,特别是开展对自然灾害的预测、预报和预警,已成为遥感地理空间信息技术的重要任务。现在我国已建立了遥感灾害的监测和评估系统。

(1) 干旱的遥感监测

在所有的灾害中,对农业和对人民的生活影响最大、持续时间最长的灾害就是干旱。干旱虽然不像洪水那样来势凶猛,但是它影响面积大,对农业造成的减产是非常严重的。1999年8月,我国西部几乎都处于干旱的控制下。我们通过遥感对全国的干旱情况进行了连续不断的监测,可以看到2000年从3月到8月干旱的发生、发展和它的分布范围,以及它们随时间的变化情况。

(2) 林火的遥感监测

我国是一个森林资源比较缺乏的国家,因此林火对我国的危害就更大。最近,林火一直在我们的周边国家肆虐,也同时对我国造成威胁。东北是我国森林的主要分布地区,就在这个地区,1987年5~7月发生了历史上最为严重的大兴安岭林火。根据遥感的统计,这次特大林火一共烧毁了1万多平方千米的森林。被烧掉的森林面积几乎相当于2/3个北京市的面积,这的确是一个非常严重的损失。这种损失不仅体现在经济上,更重要的是体现在生态效应上。三年以后,被烧掉的森林还没有能够恢复起来。即使是恢复得比较好的地方,也只是长出一些小树林子,许多地方,根本没能恢复起来。根据最近的观测,即使经过11年,当年被烧过的痕迹仍然隐约可见。由于最近我国对林火的重视,采取了很多有效的措施,包括提高对森林保护的认识,加大了森林防火的力度和防御措施,在装备上也有很大的改善,所以与邻国相比,我们在林火的防御方面,有了很好的成效。2002年3月,我国发射了"神舟三号"宇宙飞船,图12是在2002年7月由"神舟三号"中分辨率成像光谱仪观测到的美国加利福尼亚南部的影像。这里是美国西海岸,图中包括了洛杉矶、旧金山、旧金山湾区。从图中我们可以看到正好在洛杉矶的东部,有一处森林火灾。林火

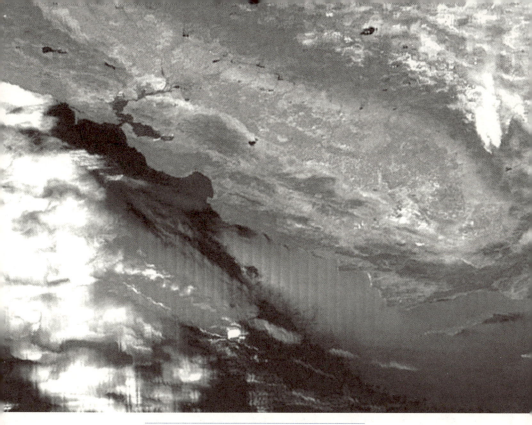

▲ 图12 美国加利福尼亚南部的影像

燃烧得非常猛烈。浓烟也同样随风飘出数百千米。以上例子充分说明了卫星遥感是监测林火,特别是它们的宏观效应的一个非常有效的手段。

(3) 沙尘暴的遥感监测

近年来,在人们对环境问题的关注中,沙尘暴成了焦点之一。通过卫星遥感可以很好地对沙尘暴的发生和发展的全过程进行监测。

(4) 洪水的遥感监测

1998年的洪水灾害,大家都是记忆犹新的。在这次特大洪水过程中,遥感科技人员通过遥感、地理信息系统、卫星定位系统的结合,成功地对洪水进行了监测和灾害评估。这次洪水的监测范围包括长江中下游、东北地区的松花江流域和嫩江流域。利用我国自行研制的航空合成孔径雷达可以监测到鄱阳湖洪水淹没的情况和洞庭湖以及武汉和邻近地区的洪水淹没情况。通过对松花江流域和嫩江地区的监测,我们可以看到大庆油田被淹的情况。

我们还利用遥感监测了著名的"九江决堤"。当时汹涌的洪水冲破了九江大堤,洪水破堤而入,淹掉了大片土地,对城市造成了严重的威胁。军民英勇奋战,贯彻了中央严防死守的精神,堵住了决口,取得了决定性的胜利。九江的决堤给了我们一个深刻的教训和重要的启示。通过遥感分析,我们可以看到大堤是建在一条古河道上面,它的基底是沙。后来我们把它叫做豆腐渣工程,实际上是洪水从它的底下把它掏空了。尽管它的上面用了钢筋混凝土,然而一旦基底被掏空了,只能垮塌,别无其他结果。用遥感技术分析古河道的分布,就成了对洪水灾害特别是对防洪工程的遥感监测。这对于判断会不会出现管涌或哪些地方容易出现堤坝的溃决,是非常重要的。

现在我们的遥感监测不仅局限在国内,我们也有能力监测国外的洪水灾情。2000年6月4日,我国的"资源1号"卫星,即中—巴地球资源卫星,监测到印度布拉马普特拉河的洪水情况。同时,我们也可以对越南、柬埔寨等国进行洪水监测。对这些地区,不仅可以监测洪水,而且还可以估算出洪水的淹没范围、淹没面积等等。

1998年台湾南投发生地震以后,遥感科技人员对地震的影像特征做了分析。这里的地震烈度主要是以房屋倒塌的百分比来作为判断依据的,这也是遥感所能发挥的作用之一。

3. 夜间的灯光遥感

在大多数情况下,我们所使用的遥感信息主要来自白天,但是夜间的遥感也有它的特色。图13是2000年11月27日由美国军用气象卫星观测到的地球上的灯光状况。从图中可以看出,夜间从地球上所获得的由地面灯光所造成的辐射度与社会的发展程度密切相关,社会发展程度越高,灯光就越亮,由此所引起的辐射也就越强。美国、欧洲、日本等地是地球上灯光最为明亮的地区,韩国、印度的北部、我国东半部的灯光也是比较亮的。地球上还有一部分地区,如西伯利亚、澳大利亚的中部、加拿大北部、非洲大部分地区、美洲的中部等,还有我国西部地区,相对来讲,灯光较弱,其中一部分属于欠发达地区,而另一部分地区,如澳大利亚中部、加拿大北部等显然系由人口稀疏所致。从图中我们还可以看到,美国夜间的灯光还能反映出其国内的主要交通干线。此外,横跨亚欧的西伯利亚大铁路在夜间的灯光中也清晰可见。日本科学家做了一个分析,他们认为从卫星上观测到由地面射向空间的光能,实际上和一个城市或地区的供电量成正比。供电量越大,就表示你有足够的供电强度来满足城市和地区对电能的需求。某地社会的发达程度越高,这个地方的灯光就越亮,而光能的损耗也就越大。英国伦敦大学学院(UCL)大学也在研究城市人口密度和灯光强度的关系。我们可以通过遥感得到地球表面很多重要的信息,许多信息我们都可以用来研究它和社会发展的关系,特别是和社会可持续发展挂起钩来。英国伦敦大学学院(UCL)大学以欧洲为例,建立了夜间以国家为单位地面的总光照面积和人口的关系,进而发现,它们和各国以GDP为代表的购买力

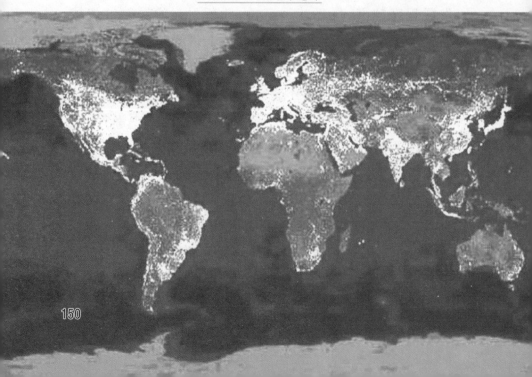

▼ 图13　夜间的地球

呈现很好的线性关系。这些研究给我们提供了一种新的思路。

4. 水资源和水环境

环境,特别是水环境受到人们的广泛关注。1988年在昆明市滇池周围,有很多非常好的植被,但到了1995年,特别是2000年的时候,植被已经非常少了。滇池周边湿地,甚至水域,很多都变成了城市,这就是城市化。城市化是社会发展的必然趋势,但如何与生态和自然和谐,与社会可持续发展协调,就成为摆在我们面前的重要课题。实际上,当前我们在这个方面,还存在许多问题。滇池周边不合理的土地利用以及排向滇池的污水,不仅影响周边的土地利用和土地覆盖本身,更重要的是影响到滇池的水质。我们再来看一看海洋的海流情况。除海流以外,河流会经常带着从陆地上来的营养物质流入海洋,这就使得海里的浮游生物获得繁殖的营养物质。我们的长江就是这样一个带着很多丰富营养物质的大河,这其中既有泥沙,也含有许多营养物质。近年来我国近海赤潮每年发生的频率加快了,其中很重要的一个因素就是农田施肥。它们在降雨期间溶于水中,并随水流到河里,进而随河流流入大海。这种施肥方式和那些可溶性肥料向海洋的输送造成了海水的富营养化。这导致了赤潮和有害藻类的大量繁殖。

5. 农业遥感和农作物遥感估产

农业是我国国民经济的基础,也是整个社会发展的基础,粮食更是基础的基础。利用遥感信息或空间信息技术来进行农作物的长势监测和产量预报是非常重要的。目前,我国已经建立了主要农作物监测和估产的遥感运行系统,对主要农作物进行遥感估产。为此,首先要通过遥感信息和农业土地利用数据库来测算农作物的种植面积,要利用遥感技术监测作物的长势,特别是评估灾害对粮食作物的影响,然后通过事先经过验证的预测模型来估算作物的单产,进而对一个地区或全国进行估产。目前在我国,对主要农作物的估产精度已超过了95%。为什么要用遥感来进行农作物的估产,作物估产又能给我们提供什么呢?通过遥感估产我们就能预知我国粮食在某一个年度里的长势和产量,是减产,还是丰产。这对于国家粮食的调配,对于国民经济的计划安排,对于粮食的贸易,都会起到很大的作用。

由于我国已经加入了WTO,所以我们的作物估产不仅仅局限在国内,光知道我们国家的产量还是不够的,必须要对全球的粮食产量有一个全面的认识。因此将遥感估产推向国外,对世界主要产粮国进行估产也是十分必要的。目前我们已对美国、加拿大、巴西、澳大利亚、泰国等国进行了遥感估产。这也是一个走向世界和了解世界的过程。

6. 空间信息与精准农业

精准农业是农业将来发展的一个趋势。精准农业指的是一种节约型的农业；环保型的农业，是一种根据农田农作物不同状况区别管理的农业。实际上，任何一块农田，在空间上都不是均匀的，土壤底质、水分条件、肥料状况等都不均匀。我们以我国东部的一片耕地为例，从遥感影像上我们可以看出这块耕地上面的农作物的长势并不是均匀的。这样，我们可以采用不同的仪器，特别是遥感的仪器来监测、把握在这种田块上农作物的长势的不均匀性。并针对它们的差异而施行不同的田间管理措施，也就是因作物不同、它们的长势不同而对它们进行不同的管理。

作物品种的识别是农业遥感中的一个重要问题。从上面的那片耕地中我们可以看到这个地区有水稻、葡萄、梨、大豆等农作物，通过遥感可以把它们较好地区分和识别出来。这里的水稻的长势也是不均匀的，在同一块地面，长势不均匀，这就是精准农业所面临的一个问题。下面我们以国外的一个农场为例，冬小麦在这个农场里的产量因地块间的不同而产量有所不同，有的地方高产，有的地方低产，整个产量的非均匀性表现得非常明显。高产地块每公顷产量可达12吨，而低产地块每公顷产量只有6吨。这种不均匀的状况，必须采取有差别的、对应的田间管理措施，或称为精细管理来解决，这就是精准农业。除空间外,时间也是不均匀的,年际之间也有变化。如果把这种产量的差异转变为它的价格,我们可以看到它的价格变化也是很大的,高的地方,可以达到每公顷900英镑,低的地方只有300英镑,相差3倍。

农作物的精准管理是一个非常好的模式。我们以一个大型的地块为例,面对有害的杂草在地块中的分布,根据以往的办法,是对整个地块进行除草剂的喷洒,这样既浪费农药又费工费时。现在如果只是在有杂草的地方,有针对性地去喷洒,其结果要节约60%的资源。

7. 土地利用的变化和退耕还林

遥感就是通过不同时期的监测图像来发现土地利用的变化。例如,我们从图像中可以发现,很多城市,原来有许多绿地,现在已经变成建筑用地。

对于西部开发,退耕还林、退耕还草是一项重要的政策,特别是坡地上的耕地要退出来。通过遥感我们可以监测我国西部不同的坡度下耕地的分布,这就为退耕还林、退耕还草政策的落实提供了信息基础。

8. 空间信息与抗"非典"

抗"非典"的主力军是我们的医护人员,以及研究生物特别是研究病毒的科技人员。国家抗"非典"科技领导小组提出了一些非常重要的但涉及空间信息的问题,如搞清"非典"的传播途径问题。这里我们可以从以下方面来了解地理空间信息在抗"非典"中的作用：一是研究"非典"疫情的空间分布及其动态；二是发展相应的控制"非典"的预警系统，为控制疾病的传播和蔓延，制定防治的措施和决策提供信息依据；三是发展对"非典"传播和蔓延途径的动态模拟与预测预报模型。

在"非典"期间，我们几个主要的科研和教学单位根据国家疾病控制中心所提供的有关疫情和相关信息进行了空间信息化，以空间地理信息系统的方式对"非典"信息进行了空间显示和表达，这是统计报表、纸质材料所办不到的。所研制的"非典"疫情分布的信息系统，及时在相关网站上发布，成为广大人民群众踊跃访问和查询的一个网点。网点每天访问人数数以十万、百万计，深得领导和群众的认可。

"非典"期间，中科院地理科学和资源研究所、中科院遥感应用研究所、北京大学遥感和地理信息系统研究所等单位均开展了"非典"控制和预警的信息系统的研制工作，他们的研究结果以一种动态的空间信息系统的形式在不同的网站上发布。这些系统都具有"非典"疫情实时信息采集和实时传输、"非典"疫情及其相关信息的实时显示和动态更新、基于空间的"非典"应急管理与分析以及基于网络地理信息系统的疫情网上发布等功能。整个系统把空间定位、空间信息管理、空间信息分析和网络、通信技术结合起来,形成了一个前后端一体的"非典"疫情实时传输、处理、分析和发布等功能比较完整的信息系统。通过这个系统,人们可以很方便地查询全国(包括台湾地区在内)各省、市、自治区的"非典"疫情信息。其中包括疫情的空间分布、死亡人数、疑似人数、确诊人数、出院人数、在医人数等,每一个人都能做到定位、定点。这个信息系统为领导和广大人民群众及时提供了具有严格空间特征的关于"非典"疫情的科学、客观和动态的信息,为"非典"的防治提供了重要的信息支持。

三、遥感空间信息与国家安全

在一定程度上,遥感空间信息跨越了时空的限制,不受国界的约束,不为天气、夜幕所阻。其宏观上可把握一个国家,甚至全球经济社会发展大局,其微观上可探测到任何地区的设施状况。因此,它本身就是国家安全的一个集中体现。可以认为,遥感的发展本是源于军事的需求。早期的空中照相就是为了侦察交战对方的情况,了解敌情,以便采取对策,做到知己知彼。在现代战争中,它的作用就更大了。我们可以这样认为,一场现代战争,实际上是一场信息化或数字化的战争,它把指挥、调动、协同、作战、攻击、防御、给养等军事行动和情报侦察,以及通信传输、信息分析、信息网络有机地结合在一起,形成一体化的作战体系。在整个过程中,信息是最重要的环节之一,信息链能不能沟通和畅通十分重要,它是战争过程中作战双方是否能够明察秋毫、运筹帷幄的关键之所在。所以信息化战争大大增加了交战双方,特别是战场的透明度。这从前一阶段的伊拉克战争中就可以看出。战争中的每一天,我们都有很多军事专家给大家分析战争的形势。在他们的分析中,有的甚至还利用了卫星的遥感影像。他们的信息从哪里来的?其中一部分是从媒体那儿得到的,也有大部分是通过网络得到的。因为在战争期间,不仅新闻记者可以到处采访,大量的信息也都通过网络在传递,这比以往的战争要透明得多。战争似乎都透明了,但实际上谁更清楚?那就看谁掌握了先进的信息技术,谁把握了信息的主动权,谁就掌握了战争的主动权。所以说,在现代战争中,特别是在美国对伊拉克的作战中,形成了严重的两极分化,或者说存在着信息鸿沟。由于这种分化,使得清楚的更加清楚,明白的更加明白,盲目的更加盲目,愚蠢的更加愚蠢,这就是现代化战争的一个重要特点。信息,特别是遥感地理空间信息,起到了为现代战争张目的作用,就是让交战双方看得更清楚。在现代战争中所形成的从战略决策、战场指挥、目标侦察、跟踪监视、精确定位到实施打击、评估效果等一体化的完整的信息链，使得人和武器的作用能够得到充分的协调和发挥，并且对武器起到了一种倍增器的作用。伊拉克战争就充分体现了这一点。实际上，为了对伊拉克作战，美国动用了几乎全部新型武器装备，其中精确制导武器就是最为重要的一种。图14是美国在阿富汗战争中用导弹打击坎大哈机场的情景。我们可以看到，导弹的弹着点在跑道和滑行道上的分布都是非常均匀的。所有打击点都在跑道和滑行道的中间，而且每两个弹着点之间的距离大体上相等，约在300米左右。这是靠高分辨率遥感卫星进行打击效果评估而得到的。精确制导武器打击程度的精确程度，实际上靠的也是信息技术。制导武器需要卫星定位系统给出位置和导航信息，也需要导弹路径上的地形匹配，而这都是遥感地理空间信息。此外，制导武器的寻的、目标识别和跟踪靠的也是遥感。战争的信息化，特别是精确制导武器的利用，使得战争的形式发生了巨大的改变。打击的目标性更强了，地毯式的狂轰滥炸和浪费物资的现象得到了改变，信息起到了关键作用，武器的作用也得到了充分的发挥。在战争中，除了一般的民用卫星之外，美国的军事侦察卫星，有着更高的分辨能力，甚至可以达到0.1米到0.15米，就是10厘米到15厘米。

大家在阿富汗战争和伊拉克战争中，可以看到一种叫"全球鹰"的美国高空无人机。这种飞机的飞行高度

空间信息技术与社会可持续发展

可以达到将近两万米,它可以很长时间留在空中执行侦察任务或在高空盘旋待命。它可以将观测到的信息通过远距离传输,直接从飞机上传到位于美国本土的指挥部,这种飞机是美国动用的包括大家所熟悉的U-2高空侦察飞机在内的一系列高空侦察手段的一种。美国海军的一个侦察系统称为"掠食者",这个系统在阿富汗战争中也发挥了重要的作用,它装载了很多包括遥感仪器在内的探测设备,它还具有稳定平台,可以为观测某一个目标时锁定目标之用。还有战场上使用的小型无人机,它们在战争中起到战术侦察的作用。它可以通过小

▼ 图14 遭受美国导弹打击的坎大哈机场

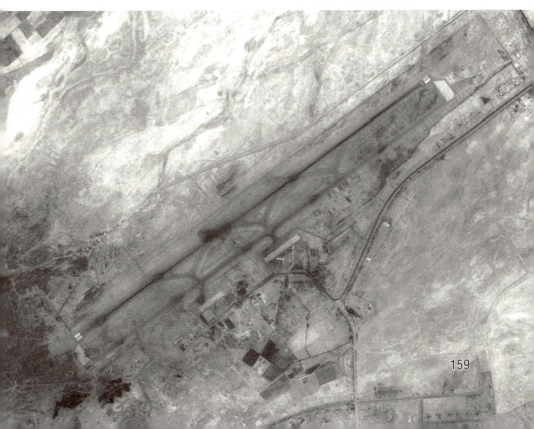

型发射器发射出去,执行完任务后再飞回来。早期美国进行"沙漠风暴"作战的时候,这种飞机一共执行了1000多架次的任务,为美国海军和陆军提供了大量的侦察数据。在整个海湾战争期间,它自己才损失了两架,受伤了三架,说明其灵活机动性能是非常好的。有的无人机上装备了雷达遥感器,可以不受天气条件的限制执行军事侦察任务,以便对对方有更多的了解。

现代战争的眼睛,几百千米以外有卫星,20千米到几千米以内有飞机,几千米到几百米的低空,还有小型的无人飞机,甚至航模飞机,技术的先进性和完整性保证了在战争的始末一直能够掌握信息的主动权。

我们还可以看到,美国为了对付伊拉克,在较长的时间内做了很多准备,包括通过各种卫星收集伊拉克的资料。我们看看巴格达的高分辨率卫星图像,这颗卫星的分辨率是1米。这里我们可以看到底格里斯河、巴格达的总统府、政府办公楼、广播电视大楼等城市地物,而这正是后来美国要打击的地方。萨达姆在巴格达不同的地方都建了很多行宫,或是临时办公的地方,包括底格里斯河畔的总统府、南部的苏吉得宫、西部的萨拉姆宫、北部的阿兹米亚宫。这些地方在战争之前,都已完整地显示在卫星遥感影像上。除此之外,萨达姆在巴什拉的官邸,在提克里特的总统官邸也都明白地表示了出来。我们也可以看到一些地方被美军打击前后的情况,这种打击往往只是击毁部分要打击的建筑物,而周围没有什么损失。巴格达被战争燃烧时,我们看到,到处都在冒烟。这些燃烧点基本上都是沿着街道进行的,是由石油燃烧造成的。遥感影像的作用是在打击之前用以定位、定性、锁定打击目标,打击之后要通过影像来进行效果评估,看打得对不对,是否达到预期目标。打错了再打,打不准再打。

美国对伊拉克的战争,给我们留下了深刻的思考。虽然战争已经结束,但根据军事专家对交战双方的分析,这场战争具有很大的代差,是一种非对称战争。美国代表了先进一方,伊拉克则是相对落后的一方。美国所实施的信息主导、精确打击的方针,以及所谓的斩首行动、直捣黄龙、空地一体、快速机动、虚实兼用等等,都体现了这种现代信息化战争的特征。看来,产生代差最根本的原因,一是武器技术的差距,二是信息的差距。在一定程度上说,信息的差距更为重要,这种差距体现在信息获取、信息处理、信息传输、信息分析的技术手段以及快速的反应和决策能力等方面。应该说,在这场战争中遥感空间信息起着核心的关键作用。可以认为,伊拉克基本上没有任何可以获取现代信息的手段,所以只能被动挨打。这正体现了我前面讲到的:清楚的更清楚,盲目的更盲目。处于盲目状态的伊拉克在这场战争中也只能接受失败的结果,而这则是从一开始就注定了的结局。

美国从其全球战略出发对全球都进行着不间断的侦察。例如对伊朗的海军基地进行侦察。对朝鲜的核反应堆,美国也是不断地进行着侦察。实际上他们侦察的频率是非常密的。从2002年3月及2003年2月、3月的影像来看,近来的侦察活动有不断加剧的趋势。

美国对台海两边的军事侦察,也从不甘寂寞。他们通过各种设备,将海峡两岸的军事设施,特别是大陆方面的军事设施公之于众。中国台湾方面的一些军用机场的情况,是用印度的分辨率为5.8米的卫星获得影像资料。这些机场包括新竹机场、花莲机场等。与此同时,美国也通过对中国大陆方面的侦察,用1米分辨率的卫星资料将一些机场公之于世。我们可以看到,不同的分辨率,侦察效果会有很大的差别。通过比较我们可以看出,分辨率在7~8米、4米、2米和1米情况下对飞机的侦察效果是有很大不同的。

空间信息是一个国家对自己国土,以及全球观测能力、了解程度的一种体现,是一个综合技术发展的标志,也是我们今天讲的数字地球、数字中国、数字城市的空间框架。我国的空间技术和空间应用,已经取得了巨大的成就,我们已经能够在很大程度上满足我们国家民用和军用的一些基本要求。但是和世界上一些发达国家相比,我们仍然还有很大的差距。我们必须认识到技术落后，可能就会被动，所以我们应该进一步深化改革，加强理论和技术的创新，特别是要加强应用，实行跨越式发展，大力提高我国在空间信息的技术方面的水平和遥感地理空间信息的保障和服务能力，使得我们的遥感地理空间信息技术在国家的经济建设、社会发展、政府宏观管理和科学决策，特别是在经济社会建设、可持续发展和全面小康社会建设和保障国家安全中发挥更大的作用，作出更大的贡献！

▲国际空间站

▼执行"天宫一号"飞行任务的"长征2号"FT1

现代宇宙观

陈建生

【作者简介】陈建生,天体物理学家。1938年7月出生于福建省福州市。1963年毕业于北京大学地球物理系。中国科学院国家天文台研究员,中国科学院—北京大学联合北京天体物理中心主任,北京大学天文系主任。兼任中国科学院天文学科专家委员会主任,国际天文学会第9届、第28届委员会组委,第9届、第10届全国人大常委会委员、教科文卫委员会委员,农工民主党中央委员会副主席,第10届北京市政协副主席。

陈建生与其他学者合作，首次得到类星体吸收线光谱中 $Ly\alpha 1 Ly\gamma$ 的强相关，以及 $Ly\alpha 1 Ly\beta$ 强相关的最好结果，从而确证了高红移宇宙空间原始氢云的存在；他与同事合作，通过分析类星体吸收线证明了高红移星系的存在，并通过对元素丰度的测定和比较，显示出星系化学组成在百亿年内的演化；在国内率先开展类星体物端棱镜巡天研究，发现上千个类星体候选者。结合我国条件，他发展了实测手段并开展研究，首次提出并与同事一起实现了在施密特望远镜上用CCD进行多天体同时快速测光的方法，开辟了一条大样本天文学研究的新途径。主持"九五"中国科学院重大基础研究项目及国家基金委重点项目，担任"973"项目"星系形成与演化"首席科学家。

  1991年当选为中国科学院院士。

现代宇宙观

　　这篇文章的题目是"现代宇宙观",这个问题是人类有史以来一直很关心的问题。我国古代伟大的诗人屈原早在战国时期就写了一首很有名的诗叫《天问》。郭沫若先生曾把《天问》这首诗翻译成白话文,诗的大意是:问远古的开头,谁能够传授?那时天地未分,根据什么来考究?那时天地间混混沌沌,谁能够弄得清楚?为什么有的东西在回旋浮动?无底的黑暗为什么能生出光明?阴阳二气的来历又是怎样的?天盖有九层,是谁来经营?这样一个伟大的工程,谁是最初的建设者?《天问》里面关于宇宙的来源问题,代表了古代人的宇宙观。

　　今天,我们对宇宙的认识完全来自于我们对宇宙的观测、思考,这个过程是没有穷尽的,而且人类也是不断地进步的。对宇宙最早的观测是靠人的眼睛,后来随着技术的进步,就靠望远镜。望远镜是人的眼睛的延伸,所以现代宇宙观是建立在对宇宙的观测、思考之上的。通过对宇宙的观测,我们首先看到或了解到一些宇宙的概况。下面我就用不断放大比例尺的方法来说明我们了解的宇宙或者我们所观察到的宇宙是什么样的。

　　如果我们观察的对象大小只有1千米的话,就相当于一个大学校园的规模,比如说北京大学吧,它的校园面积可能也就是1平方千米大一点儿;如果我们观测的对象变成100千米的范围的话,差不多就相当于一个城市那么大;如果再变大100倍,那么大概就变到像我们的地球那么大了,地球的方圆差不多就是1万千米左右;如果再变大100倍,那么就变到像地月系统那么大了,地球与月亮之间的距离是39万千米,它的轨道长度差不多是七八十万千米,接近100万千米;如果再变大100倍,那就到了1亿千米量级了。1亿千米这个量级,就是内太阳系。我们知道,太阳与地球之间的距离是1.5亿千米,其距离大概就是1亿千米这个数量级;如果再变大100倍,到100亿千米量级的时候,就是我们整个太阳系了,范围到了太阳系最外面的行星;如果我们再变大100倍,从100亿千米量级变成1万亿千米量级,用普通的千米作为长度单位就不太方便了。我们换一个长度单位,这个长度单位就是天文单位。一个天文单位大概是1.5亿千米,也就是太阳与地球之间的距离那么长,所以1万亿千米大概相当于几千个天文单位。到了几千个天文单位的时候就很有意思了,天空变得非常空旷,除了一个小小的太阳系以外,在太阳系的周边几乎找不到第二个太阳天体;如果这个时候再变大100倍,那么我们就把距离单位变成了光年,光年是光在一年内走的距离,相当于10^{17}米。到了光年这样一个距离单位时,太阳是我们可以找到的最近的邻居,所以在我们的恒星世界里面,看上去还是非常空旷的。因为你走了10光年,才能找到自己旁边的一个邻居。所以说现在要找到外太空人,应该说是非常非常难的。先不说那边有没有像人类一样

现代宇宙观

有智慧的生物,即便是有,他用光的速度还得走10年才能够走到地球上来,如果用别的飞行器的话,就更可想而知了;如果距离单位再变大100倍,情况就又不一样了。如果用1000光年做直径的话,那么在这个尺度上面,就是满天星斗了;如果再变大100倍,就变到10万光年了。到10万光年的时候,就是我们的银河系了。太阳就在银河系里面,大概是距离银河系边缘1/3的地方,所以太阳只是银河系里一个很不起眼的天体;如果再变大100倍,这时候变成1亿光年距离单位。到1亿光年的时候,就是我们银河系周围附近的邻居了。从我们所在的银河系到另外一个银河系,差不多在这样一个距离尺度上你才能找到邻居;如果继续变大到100亿光年的时候,就基本上接近了今天我们光学望远镜所能看到的宇宙的边缘了。宇宙星空图上面密密麻麻的每一个点,都相当于一个银河系。每一个银河系里面大概有多少个太阳呢?大概有1000亿个太阳吧。所以宇宙星空图里面的每一个点就是1000亿个太阳。在100亿光年的距离单位上,我们看到了差不多1000亿个星系。以上所说的就是我们今天在望远镜里面看到的基本接近的宇宙状态。

前面我们通过不断地改变比例尺的方法来描述宇宙规模,你可以感受到从一个校园范围到我们可以观察的宇宙规模,这中间跨了多么大的距离尺度。你可以感受到我们的宇宙是多么地广阔！我们常常说地球上的什么东西是多么地辽阔广大，但是跟我们的宇宙相比，那实在是非常非常地渺小。实际上，我们的宇宙不仅在空间上非常地广阔，而且宇宙里面的天体也是非常丰富多彩的，它里面有形形色色的天体。有的像我们太阳系里面的大行星，比如大家都知道的土星，是很漂亮的。也有的像我们银河系里面的星团，上百万颗恒星聚集在一起，形成了一个很密集的天体。尽管大部分恒星在银河系里的分布是比较离散的，但也有很多恒星是扎堆在一起的。比如，银河系里有一种星团，称为球状星团，大概有百万级的天体聚集在一起。同时，一些星云结构的天体，看起来非常漂亮，这都是一些很奇妙的星云，当中有很明亮的恒星。这个像纤维一样结构的星云，是经过恒星演化过程后，又经过超新星爆炸以后残余下来的，也有一种相互作用的星系，两个星系靠得很近，彼此间有潮汐力的相互作用，实际上就是我们银河系的形状。如果我们有机会跑到银河系外面来看银河系的话，银河系的形状就像是盘状旋涡星系，它包括大约1000亿个太阳。还有一些很不规则的星系，对于它们的形成过程，我们到现在还不是很清楚，比较多的说法是，它们是经历过星系与星系之间的剧烈碰撞而形成的。还有，星系与星系之间也抱团，前面我们介绍过星团，下面再介绍一下星系尺度成团现象，就是在很小很小的天区里集中了很多星系,所以星系有成团的现象。星系成团现象在宇宙当中还是一种比较普遍的现象。比如说同学们下了课以后都到大操场上去活动,你看大操场上的人群结构就不是均匀分布的,肯定有一些地方人群比较密集,有一些地方人群比较稀疏。当然,形成这种结构的原因是不一样的。比如说在大操场里面形成的结团现象,可能是我们有意造成的。有些同学之间的感情比较好,愿意聚在一起聊天,这是人为因素造成的结团现象。但在宇宙中,天体的结团现象不带感情色彩,主要是由于万有引力的作用造成的,万有引力会造成一些地方天体密度变得高一些,一些地方天体密度稀一些。

前面讲过,星系大约包含1000亿个太阳,有的星系有很致密的核心,核心里面存在着一种能量很高的天体,这也都属于一些特殊的星系,它的核心是大黑洞,哈勃空间望远镜能够看到离核心很近的区域,物质有非常高的旋转速度,表明它有质量很大的核心。刚才给大家看的这些图片是通过光学望远镜看到的,即通过电磁波的可见光部分看到的。实际上,用不同的电磁波段,看到的宇宙可能很不一样。从20世纪40年代以来,随着雷达的兴起,人们慢慢开始用无线电波来观测天文,后来又发展到用红外线、紫外线、X射线和伽马射线来观测天体现象,所以我们现在在技术上已基本实现了用全电磁波段来观测宇宙天体了。不过,在地面上要想完全实现用全电磁波段来观测宇宙天体还是相当困难的，主要是因为我们地球上空覆盖着一层大气层，它不让全部的电磁波穿过，所以要想用全电磁波段来观测宇宙的话，要到太空中去观测，这就是现在宇航时代对通过天文学观测宇宙来说是一个革命性时代的原因。我们对宇宙的研究可以用全电磁波段来观测。我们可以看到，同样一个天体，如果用不同的波段去观测的话，它的形象是很不一样的。比如，有一个非常有名的星云叫蟹状星云。蟹状星云是在公元1054年，也就是距离现在950年左右，由中国人首先发现的。900多年前，在我们银河系内部经历了一次超新星的爆炸，爆炸后剩下来的残余物质，就是这个星云。这个天体是很有名的，因为在20世纪60年代的时候，科学家们在它的中央发现了一颗脉冲星。脉冲星就是中子星，这是理论预言了很久的天体，脉冲星的发现者因此获得了诺贝尔奖。因为这个天体太有名了，所以研究它的人也特别多，科学家们在所有的波段上都去观测它，所以有用X射线观测到的形状，有用光学观测到的形状，有用红外线波段观测到的形状，还有用无线电波段观测到的形状，等等。

　　再举一个例子，由不同的波段我们看到了叫类星体的天体。类星体实际上不是恒星，而是一个相当于我们银河系的天体。这样的天体在不同的波段，我们看到的形状是不一样的。比如，在光学望远镜里面它看上去就

现代宇宙观

是一个点，当中最暗的那一点，我们管它叫类星体。它看起来像个恒星，实际上，你到X射线波段看的时候，就很不一样了。所以我们利用全电磁波段来看宇宙，形状是很不一样的。刚才谈的一个问题是说，人类对宇宙的观测，开始是用眼睛，用眼睛观测当然是非常有限的，后来我们发明了大望远镜。大望远镜可以让我们观测到100多亿光年的范围。这看起来好像已经够远了，但是我们又发现，如果仅仅靠可见光来观测宇宙的话，还是相当片面的。实际上，我们还漏掉了很多东西没有看到。如果我们发展到用全波段的望远镜去观测宇宙的话，那么宇宙天体就会完全不一样了。我们能够看到的所有天体都有一个前提，就是说它是能够发光的天体，说得更全面一点儿，就是说它是能够发射电磁波的天体。现在我们要问另外一个问题，能够发射电磁波的天体是不是就是我们宇宙物质的全部？最早在20世纪70年代，我们就发现，实际上很多天体物质是看不见的。所谓"看不见"并不是因为它的光很微弱、很暗淡，我们看不见，而是因为它本身就不发光，所以没法看到它。我们知道，星系是在不停地旋转的，星系一旋转后，你就会看到有一边是离我们远去了，有一边是向我们而来的，所以它的速度就有两个方向：一个负的方向，一个正的方向。如果它们旋转起来，那肯定是越靠近中心，速度越小；越远离中心，速度越大。到了边缘，再往外就没有物质了,那么它的速度就要减小。根据可见光和电磁波所探测到的宇宙物质的分布,我们就可以预测这个旋转速度的大小了。但是后来我们发现,情况不是这样,真正的旋转曲线是平的,也就是说,实际上旋转到了很远的地方还有物质,只不过你没有看见而已。这些物质,现在我们叫做暗物质,就是无法看见的物质。

这种现象刚才是通过星系的旋转曲线看到的,实际上我们不仅能从星系的旋转曲线上看到,同时还可以从星系团上看到。我们知道,星系团是一个物质系统。这个物质系统如果能够维持稳定的话,它要满足维里定理。所谓维里定理,就是指它里面的势能量跟它的动能要达到某种平衡。如果没有足够的势能的话,那么团里的星系就要跑掉,因为它有动能。比如说为什么空气会扩散开来而不会老待在一起,就是因为空气分子之间的引力还太小。要想把这些东西(如空气、天体等)束缚住的话,必须有足够的束缚能。束缚能从哪里来呢?束缚能从质量来,质量造成束缚能。每个天体的速度都可以测量,测量出来速度后就可以测到它的动能了。如果按照我们所认为的星系的质量全部由发光天体构成的话,我们就可以根据它的亮度的大小来估算它的质量。把它的质量估算出来后,用它的质量来估算它的势能。如果按照这样估算的话,那么所有的星系都跑光了,不可能束缚在一起。也就是说,我们肯定是低估了它的质量,这就是很简单的一个维里定理。也就是说,动能的两倍跟它的势能基本上是平衡的,如果不平衡的话,这个星系就会跑掉。这样,我们用星系团的方法来估算,大概对星系团里面的质量低估了10倍到20倍,它实际的质量要比用星系的发光来估算的质量大10倍到20倍。

第三个证据实际上是用我们刚才讲的X射线辐射来估算星系团气体的温度,然后同样用我们能估计的动能来估算星系团的质量。用这个方法估算出来的质量与实际质量差别也在10倍到20倍之间。

这种物质是一个非重子的物质,重子物质到最后总是要发光,它跟重子物质相同的地方就是它有质量,所以有引力相互作用,它有动力学的效应,但是它不能发光,所以无法用辐射测到它,只能用动力学效应来观测它。现在的问题是,有动力学效应但看不见的物质是个什么东西?如果它是非重子物质,那么重子物质在里面占多少?非重子物质占多少?这是一个非常前沿的问题,应该说,到现在为止,它还是一个在不断研究的问题。当然,现在我们通过很多望远镜的观测,对这个问题的研究大概已经到了10%的精度上了。如果我们问这个重子物质大概占多大比例,要回答这个问题是非常困难的,因为刚才我讲了,一个银河系里面有1000亿个太阳,在可观测的宇宙里有1000亿个星系,要测量这些重子物质到底有多重，显然不能用在地上实验室里用的方法去称天上的天体的重量有多少，所以回答这个问题就很困难。我们也就是在最近二三十年才找到了一个解决的方法。

这是一个非常曲折的方法，它的老祖宗要从广义相对论开始讲起，但只有广义相对论还没有办法测定重子物质的含量。所谓重子物质，就是现在我们最熟悉的，由质子、中子、电子这些物质构成的原子，由这些原子再构成分子。大家每天吃的、穿的、用的都是由这些我们最熟悉的东西构成的。我们一天到晚生活在地球上，伸手就可以拿到这些东西，有点习以为常，但是真要你去回答一下宇宙当中重子到底占多少，那就是一个非常难的问题了。爱因斯坦在1915年提出广义相对论后，苏联数学家弗里德曼在1925年提出了弗里德曼宇宙解。宇宙可以是收缩的，可以是膨胀的，也可以是一个平坦的宇宙。从1915年广义相对论的出现到1925年场方程的宇宙解，再到1929年哈勃最早发现了宇宙膨胀现象，大概就是前后15年的时间。在这短短15年的时间里科学家们已经证明了宇宙不是一个永恒的稳定的宇宙，而是一个在继续膨胀的宇宙。如果沿着时间的坐标退回去，那么在遥远的过去，宇宙就应该是非常致密的。如果我们再把状态方程放进去，就会得到以下结论：在非常遥远的过去，宇宙的温度非常高，在那个时候，不要说我们

现代宇宙观

今天在日常生活中所看到的由分子组成的东西早就被瓦解掉了,而且甚至连原子也被瓦解掉了。因为那时宇宙的温度非常高,高得只剩下了基本粒子能够存在,如果到了更高的温度的时候,甚至连基本粒子也不存在了,只剩下光子了。也就是说,宇宙最初是从一个光子汤开始,慢慢演化到今天这么丰富多彩的程度。听起来,这真是天方夜谭!关于我们神奇的宇宙,还有一个非常重要的理论发现,从这个理论中可以预言今天留下的光子背景温度,这个温度大约在几摄氏度左右。这个现象在20世纪60年代已经被科学家观测到了,并因此获得了诺贝尔奖。

下面是证明膨胀的宇宙热历史存在的一个非常关键的证据。用温度在2.7摄氏度黑体辐射的理论曲线就要穿过所有的观测点,这个误差是非常非常小的,这种黑体辐射是空间均匀、各向同性分布的,它只能是来自于宇宙的起源。

宇宙微波背景辐射的发现,是宇宙大爆炸理论的一个非常关键性的胜利,它确立了宇宙的热演化史。这样一个热演化史可以用现在我们粒子物理学的成就来解释。它从一个很热的光子汤开始,由于宇宙的膨胀温度慢慢地下降,慢慢地形成基本粒子,基本粒子会形成原子,原子形成分子。这个理论不仅能够定性地说明我们今天的原子、分子是怎么来的,还可以预言出一个非常重要的结论，就是我们今天宇宙当中各种化学元素相对的质量的比是多少。我们把这种现象叫做"化学丰度"，就是指各种各样的化学元素，比如氢、氦、氧、碳，等等。你可以估算出氢占多少比例，氦占多少比例，锂占多少比例，氘占多少比例。当然，只能够生成到锂为止，锂之后的元素在宇宙大爆炸过程中就不能生成了，就要靠恒星，通过恒星的核燃烧，生成一些更重的元素，像铁元素等。所以宇宙有两代化工厂：第一代化工厂就是宇宙大爆炸，诞生了像氢、氦、锂这些元素；第二代化工厂就是产生了恒星，生成了我们元素周期表里面所有的元素。恒星是一个大锅炉，这个炉子里面炼出了各种各样的元素，所以才有了今天地球上可以使用的各种各样的矿产。

我们可以计算出第一代化工厂炉子里炼出来的这些元素的比例，它依赖一个很重要的参数，就是核子数跟光子数之比。我们把所有质子、中子都叫做核子，核子数跟光子数的比用 γ 表示，从理论上讲，我们估算氢、氦、氘这些元素比的时候，只跟 γ 这个数有关系。天文可以观测到这个元素比。根据观测到的这个元素分布，反过来可以估算参数 γ，使得你的观测结果跟理论结果算出来是一致的。理论上预测74%左右的物质都是氢，24%左右是氦，剩下的物质只有百分之零点零几。通过天文观测和理论计算，就可以确定核子数跟光子数

现代宇宙观

的比。

我们想知道宇宙里的重子物质的比例到底占多少，宇宙里的重子物质实际上就是核子数跟光子数之比。核子就是重子，所以核子数跟光子数之比确定之后，重子物质的比例就出来了。从上面的叙述中你可以看到，要经过一条多么曲折的路线，才能把我们浩大的宇宙中的重子物质称出来，所以说为什么这是最近二三十年的事，因为大爆炸宇宙模型是20世纪50年代作出来的，等到能够观测这些元素，而且观测得很精确，又是一件非常难的事情。为什么非常难呢？原因是：第一，由大爆炸宇宙产生的这些元素都要被以后的恒星的过程污染掉了，所以你一定要去观测的那些东西，就应该是没有经过恒星化工厂污染过的第一代产品。刚才讲了，有两代化工厂，现在我们宇宙大爆炸理论所预言出来的结果就是要测第一代化工厂生产出来的产品，但是第一代化工厂生产出来的产品很快就转到恒星里面去了，恒星又把它重新反应成第二代产品，所以就把它污染掉了。我们现在的目标就是想办法去找第一代的产品。到哪里去找呢？就要到年轻的天体中去找。因为年轻的天体污染的程度比较小，也就是说，它脱胎于大爆炸的时间段短，还来不及卷入到恒星第二代化工厂中，这些天体的原料还来不及送到恒星的锅炉里去烧的时候，我们就要想办法把它测出来。因此我们必须要寻找非常年轻的天体来测量。什么样的天体是年轻的呢？天文学里有一个辩证法，即时间换空间。就是说，我们要去观测最遥远的天体，因为今天地球上接到的最遥远的天体的信息，一定是该天体非常遥远的过去的信息。大家都有这样的经验，比如说一个朋友今天早上从乌鲁木齐坐火车来北京，你见到他了，问他乌鲁木齐情况怎么样，他会告诉你那里的情况怎么怎么样，可这些情况都是3天前的了，因为他已经坐了3天的火车，他并不知道此时此刻乌鲁木齐的情况是怎么样的，他告诉你的情况都是3天前的。遥远的天体坐光速火车过来，坐了100亿年，它告诉我们的就是100亿年前的情况，所以我们要去测100亿年前的天体的化学元素，是一件非常困难的事情。因为远在100亿光年前的天体，意味着非常暗。越远越暗，因为光的强度是跟距离的平方成反比的。100亿光年前是什么概念？100亿是10^{10}，如果按平方计算就是10^{20}，也就是说，它的亮度差了10^{20}倍，那要很大的望远镜才能看到这些天体，而且你要想把这些元素测出来，不是简单地拍一张图像就可以了，你要把光色散开，用光谱仪把它里面的谱线测出来。要把光色散开来是非常困难的。实际上，也就是在最近10年左右，人类才掌握了这样的技术去测量遥远的星球上的化学元素的分布、化学元素的含量。问题可以提得很容易，比如说："请告诉我重子物质有多少？"看似一个简单的问题，但回答起来却

现代宇宙观

是非常非常困难的,不仅有理论上的困难,还有实际上的困难。根据观测和理论确定出核子跟光子数之比,再根据这个比例,我们可以算出来,重子物质大概占3%左右。这是从理论上得出的。实际上,我们今天通过望远镜看到的重子物质还要少,我们看到的只占1/10,还有9/10的重子物质没有被看到。这也是目前天文学领域里尚未解决的问题。所以我们从爱因斯坦的广义相对论讲起,讲到宇宙大爆炸,又从宇宙大爆炸讲到如何从大爆炸开始进行化工厂的制造,制造出化学元素,再讲到怎样利用探测到的这些化学元素的分布比值来估算重子物质跟光子物质的比例,这个比例估算出来以后,就可以算出宇宙现在的重子物质有多少。如果现在的重子物质占3%左右,暗物质大概是它的10倍左右,即占30%左右。

还有第三个问题,除了刚才讲的重子和非重子的比例外,宇宙中还有没有别的物质成分?我们回过头来再看一看哈勃图,哈勃图是在1929年发现的。从1929年开始,天文学家一直没有停止过测量哈勃图,测量哈勃图是一件很难的事情。在天文学上,如果要测哈勃图就要测很遥远的天体。对于很遥远的天体,一定会遇到观测上的困难,所以当时他们一是想精确地测量哈勃常数,这个常数跟宇宙年龄关联在一起,二是想测量它是减速还是加速。1996年观测的一个重要发现,就是发现哈勃图显示出来的宇宙膨胀是加速的,按照引力系统的原理,不应当是这样的。下面举个例子,大家都知道,往天上扔一块石头,刚扔出去的时候速度是很快的,你会感觉到石头不断地离你远去了,也可以说是膨胀了,但是不久,它的速度就慢慢地降下来,不可能一直升上去,升到一定的顶点以后,石头便会回落,绝不会越上升速度越快。如果我们的宇宙全部由通常的有引力作用的物质组成,那么我们观测到的宇宙膨胀,当膨胀到一定程度后,在引力作用下,它应该回缩,这是一个引力过程。但是1996年的天文观察却得到了一个相反的结果,就是宇宙膨胀不仅没有慢下来,而且越胀越快,就好像你捡块石头往天上一扔,这块石头不是渐渐地慢下来,而是越跑越快,最后跑掉了。这种现象当然是一种很古怪的现象,这是在1996年发现的。

现在我们再看一看哈勃图观测所经历的历程:1929年,哈勃图观测到的宇宙距离还很小,经过天文学家将近80年的努力,哈勃图的宇宙距离一直延伸到几十亿光年。由于人类技术的进步,哈勃图越测越远。从这里就可以看出,人类对宇宙的认识是一个不断前进的过程。

对1996年所发现的宇宙加速膨胀现象的最简单的解释可能就是,在爱因斯坦场方程里面有一项"宇宙常数项",爱因斯坦场方程在1915年提出的时候,得到宇宙学的解不可能是个稳定的解。但是在爱因斯坦那个年代,他基于对我们星系的观测,认为星系是一个很稳定的结构,宇宙不应该是一个不稳定的结构。所以爱因斯坦为了阻止宇宙收缩,就在场方程里,在不影响方程协变性的前提下,加了一个常数项 λ,用来抵消宇宙的收缩,使得宇宙能够保持一个稳定的状态。但实际上,爱因斯坦的这个想法是错误的,当时他还没有认识到这个错误,因为除非 λ 是一个变数,否则即使在某一时刻是稳定的,等到以后再膨胀一下就变了,还是不能稳定住。等到1929年哈勃发现了哈勃定律以后,才发现我们所观测到的宇宙就是不稳定的,是膨胀的,爱因斯坦放进常数项 λ 完全是没必要的。当时爱因斯坦给朋友写了一封信,信中说这是他一生中所犯的最大的错误,即把常数项 λ 放到广义相对论的场方程里。但很有意思的是,想不到过了这么多年以后,我们发现 λ 还是挺有用的,因为我们现在对宇宙膨胀的解释,在广义相对论场方程中,还是需要一个大于零的常数项 λ。

宇宙为什么会加速膨胀呢?刚才我们讲过,可能是因为爱因斯坦懊恼的宇宙常数 λ,但实际上 λ 作为一个常数放进场方程中,并没有回答物理学的本质,只是方程里面需要把 λ 放进去。问题的关键就是 λ 代表一个什么东西?这个问题可能是当代物理学里面最难解决的一个问题,也是一个最富有挑战性的问题。目前,全世界的理论物理学家都在考虑 λ 是个什么东西,它可能会引起物理学研究的极大挑战,也可能会引起物理学上的又一次革命。这个 λ 的东西我们是不清楚的,但它一定是某种物质,它的压强是负的,而不是正的,所以它所产生的效果不是一般万有引力的相互吸引力,而是一种相互排斥的力。这是一种什么样的物质呢?一种可能是真空的能量,真空的能量问题当然是很复杂的,这涉及量子场论的一些根本问题。量子场的真空就是指一个场处在基态的时候就是真空,基态能不等于零,所以它就有真空能量。我们算出来这个真空能量后,发现它大得不得了,绝对不是"1"这个数量级,差不多差100个数量级。是否可能不只存在一种量子场,有的能量是正的,有的能量是负的,互相抵消了?但是你想想看,哪有那么凑巧?什么叫 10^{100} 啊?10^{100} 就是1后面要跟100个零,就是 10^{100}。一个有100位的数,能够消到最后只剩下零点几,怎么会消得这么凑巧?大数相互抵消本来就是一个很难的问题。实际上,对于量子场的真空能量,我们是没有回答好的,等于把球踢到另外一方去了。也就是说,把这个困难转移了。现在,这是一个很难的问题:是不是我们搞错了,没有暗能量?是不是天文观测错了,小题大做,冒出一个吓唬人的结论出来?毕竟刚才看到的那条曲线还是偏差了一点点,不是偏差得很大,这还不算偏差得很厉害,天文学家是不是在故弄玄虚吓唬人呢?把这个问题搞得好像特别复杂似的。当然,这个观测现在已经列为天文学里面的一个重大的项目,估计10年内会有一些大的观测结果出来,认真地把这条曲线做好。物理学家之所以相信宇宙有暗能量,是因为不仅有哈勃图的观测支持这个结论,还有别的观测支持暗能量的结论。那么别的观测从哪里来?是从宇宙微波背景辐射开始的。

关于宇宙微波背景辐射,前面已经讲过了,为什么大爆炸宇宙模型能够成立呢?就是因为在1965年有两个美国贝尔实验室的工程师发现了天空中存在一个均匀各向同性的很弱的微波背景辐射。很有意思的是,实际上贝尔实验室这两个工程师对天体物理了解不多,所以他们观测出来以后,不知道怎么解释。他们的技术能够把噪声降得很低,把所有误差都排除掉,但还是有那么一点点剩余强度的东西无法解释。所以我们做实验,就要做到精益求精的程度,任何一个小小的实验数据的小起伏,你都能够排除说它不是由于实验误差所引起的,而是有真实来源的。这种起伏都是很小很小的,而你应该有胆量说它是真实存在的,科学在往前走的时候就需要这种探索的勇气,需要这种创新的精神。敢于说出自己认定的东西,就不是一件很容易的事情,有时候非常困难。这两个工程师在结果出来以后,就打电话给美国普林斯顿大学天文系的教授,说他们在雷达天线里面发现了这么一个古怪的东西,你们能不能解释?因为普林斯顿大学当时有两个大天文学家,一个叫迪克,另一个叫皮堡斯。当时,刚好普林斯顿大学正在设计天线,就是想去找微波背景辐射。当时这个设备正在做,但就是晚了一步,结果让贝尔实验室两个不懂天文学的工程师,无心插柳地发现了这个东西。所以当他们把电话打到普林斯顿大学以后,两个天文学教授非常兴奋,马上就告诉他们:这就是我们一直在寻求的东西,我们渴望已久了。所以在1965年美国的《天体物理》杂志同一期上面,同时发表了两篇文章,第一篇就是贝尔实验室两个工程师发表的观测结果,后面紧跟着就是迪克和皮堡斯做的理论。最后,诺贝尔奖给了贝尔实验室的两个工程师彭齐亚斯和威尔逊。而对普林斯顿大学两个教授来说,诺贝尔奖擦肩而过。为了弥补这个遗憾,2002年9月份,香港大企业家邵逸夫先生成立了一个"邵逸夫奖",被称为"东方诺贝尔奖",因为它是一个国际奖,奖金额是100万美元。2004年,天文学评审委员会的五个成员一致认为应该弥补他们的遗憾,所以将首届邵逸夫天文奖给了皮堡斯教授(这时迪克教授已去世)。

微波背景辐射不仅支持了大爆炸宇宙模型,同时,微波背景辐射的观测也很有力地支持了暗能量的存在。前面讲的是利用超新星观测把哈勃图延伸到高红移,得到了加速膨胀,微波背景辐射从另一个角度支持了暗能量的存在。微波背景辐射是在1965年被发现的，跟哈勃图一样，从它被发现以后，人们就想不断地测高精度的微波背景辐射。人们一开始为了证明微波背景辐射是来自宇宙的，宇宙学原理就是均匀各向同性，所以一开始我们测微波背景辐射的时候，要想支持它来自宇宙，必须满足两个条件：第一，微波背景辐射必须是黑体辐射，图上的曲线是非常光滑的，是黑体辐射没问题；第二，要想证明它是来自宇宙的，必须要符合宇宙学原理，也就是说，它必须均匀各向同性。所谓各向同性，就是任何一个方向的辐射强度都是一样的；所谓均匀，就是每个地方的强度是一样的。观测证明，微波背景辐射确实来自于宇宙，但是事情总是不断发展的，等到我们这个目标达到了以后，我们就不再满足于这个目标了，我们就希望在均匀各向同性的基础上找到它的不均匀。如果均匀，就证明它是来自宇宙的。为什么要去找它的不均匀呢？假如说微波背景辐射是非常均匀的，那么一个非常严重的问题就是，我们看不到今天的宇宙是如此的不均匀。宇宙空间中有些地方是星系，星系里面有的成团，有的不成团，宇宙这种结构是一种不均匀的表现，那么如果宇宙微波背景辐射非常均匀的话，怎么会有今天这种不均匀的结构出来呢？所以今天这种不均匀的结构一定是由原初的不均匀发展而来的。但是原初的不均匀不能够太大，太不均匀也不行，如果太不均匀,今天的结构就应该更复杂了。所以你可以根据我们今天观测到的天体空间的分布来预测。

在谈宇宙物质分布的时候,我们不指恒星,而是把星系当做一个点,它们在宇宙空间的分布是有结构的。这样的结构如果今天观测到了,那么就要预测一百多亿年以前应该有多少的不均匀性,宇宙各个地方不同的点之间应该有多少个不均匀。按照这个理论来估计,这种不均匀应该只能有十万分之一。十万分之一是什么概念呢?你们如果看看所用电脑的屏幕,你们说均匀不均匀?相当均匀吧。但是,如果你去测量屏幕上面每一个点的强度,把测出来的所有强度加在一起,得到一个平均值,然后你把这个平均值减去每一点的实际强度,差额就出来了。差额出来后取平方,相加后,再开根号,这就叫中方根误差。中方根误差是多少呢?这个精密度大概在5%左右,一个5%的起伏你觉得很均匀了吧?那么现在我们估算出来的宇宙前期的均匀度是多少呢?是两万分之一!差了1000倍。也就是说,要比这个屏幕均匀1000倍。这样的结构才能形成现在宇宙的结构。所以我们现在就要去测微波背景辐射有没有十万分之一的强度起伏。你要测十万分之一的起伏,你的观测精度必须要达到百万分之一,这是一件非常难的事情。再难,科学家如果有这个想法,就要去追求。现在已经有几个空间计划测量微波背景辐射强度的起伏。目前,天文学家观测到了一个由亮度起伏得到的功率谱,功率谱中有一个主峰,这个峰的位置很重要,它告诉我们今天的宇宙平均密度是多少,也就是我们今天用广义相对论可以估算出来的临界密度。

广义相对论有三种解:一种是开放解,一种是收缩解,一种是平坦解。如果是平坦解的话,宇宙物质密度要达到一个临界密度。如果比这个临界密度高,宇宙就会收缩下来;如果比这个临界密度低,宇宙就是开放的;如果等于临界密度,宇宙就是平坦的。平坦解有个参数叫欧米伽,就是观测到的密度比上临界密度的值。欧米伽等于1的时候,就是说你所观测到的宇宙密度跟临界密度相等。也就是说,宇宙是平坦的。这个峰值刚好告诉我们,今天的宇宙就是平坦的。我在前面讲大爆炸宇宙时有个问题没有讲,因为它是一个很深的理论问题,就是暴涨宇宙问题。暴涨宇宙从理论上就预言我们的宇宙是一个平坦的宇宙。也就是说,宇宙的物质密度应该是临界密度,欧米伽应该等于1,这是一个很重要的观测结果。WMAP的观测结果更精确,因为这个观测设备是放在卫星上的,由WMAP测到的功率谱不仅有主峰,后面还有次峰,这个结果完全跟前面气球的观测结果是一致的。另一个实验是planck卫星,还没有上天,它测出来的精确度会更好,所以这个结果出来以后,就说明欧米伽等于1。

不知大家还记不记得前面所讲的,我们所观测的重子物质密度是多少?重子密度是0.03。刚才讲了,宇宙中有暗物质,其密度约是重子密度的10倍左右,即0.3左右,两者加在一起才0.35,还有0.65是什么东西呀?既然宇宙是平坦的,就一定有0.65的东西,但不知道跑哪里去了。哈勃图观测到宇宙在加速膨胀,因此一定有能量在那里,这些观测是互相呼应的,又跟原来早期的暴涨宇宙一致。各方面证据都来了,所以你要否定暗物质的存在是比较困难的,因为它有很多方面的证据都已经汇聚在一起了。因此,刚才就讲了总的欧米伽,就是总密度跟临界密度之比应该是等于1,这是由微波背景辐射观测出来的。其中重子物质差不多就是0.03左右,暗物质差不多只有0.3左右,另外的物质差不多有0.6~0.7,这个观测结果是你不得不信的。这个世界变得很有意思,天文学研究完了以后,最后发现,我们在宇宙中看见的东西实际上少得可怜,大概只有3%左右。其他大部分都是暗的东西。应该说,这是今天宇宙观测与理论研究的一个非常重大的成就,所以这些问题都是非常前沿的。

现在全世界都在观测星系在空间的三维分布情况,我国现在正在造一个望远镜,称为LAMOST,它要观测10亿个星系。每个星系都要去测光谱是一件很难的事情,对应每一个星系,在望远镜焦面上的位置都拉一根

现代宇宙观

光纤出来，把它拉到望远镜的摄谱仪的狭缝上，得到星系的光谱。LAMOST每次可以做4000个天体的光谱。这样做的目的就是想了解星系在宇宙中是如何分布的问题。目前，望远镜还没有做好，做出来以后将成为研究宇宙物质大尺度分布方面的非常有利的工具。另外一个途径是通过计算机的模拟等方法来模拟宇宙的物质分布，并与实际观测进行比较，从而观测到各种各样的宇宙天体。

  这就是我们今天对宇宙所了解的大致轮廓，宇宙充满了机遇与挑战！

"远望一号"测量船行驶在大洋深处

朝气蓬勃的空间物理学

王 水

一、近来频繁的空间活动
二、空间物理学的回顾
三、空间物理学研究什么
四、我国空间物理学的现状和展望

【作者简介】 王水,空间物理与太阳物理学家。1942年生于江苏南京。1961年毕业于南京大学高空大气物理专业。1961年任教于中国科技大学。1984年当选为意大利国际理论物理中心联协成员,1986年担任美国亚拉巴马大学客座教授,1987年担任美国阿拉斯加大学地球物理所客座教授。曾任中国科技大学学术委员会主任,中国科技大学理学院院长。现任上海交通大学理学院副院长,教授。1993年11月当选为中国科学院(地学部)院士。

王水院士的研究方向涉及空间等离子体物理学、太阳大气和行星际介质物理学、磁层物理学,以及哨声、甚低频发射和电波传播等领域,已发表论文100余篇,其研究成果被广泛应用。在哨声和甚低频发射的观测和研究中,部分成果获1978年中国科学院重大科技成果奖,太阳大气动力学的数值研究获1992年中国科学院自然科学二等奖和1993年国家自然科学二等奖。他担任《空间物理》、《地球物理》、《天文学》、《电波传播》等多种刊物的编委,国际日地物理科学委员会(SCOSTEP)委员,国际无线电科学联盟(IURS)中国委员会H组委员,国际空间委员会(COSPAR)中国委员会(CNCOSPAR)委员,国际天文学会(IAU)会员,中国物理学会常务理事。曾担任国内空间物理刊物副主编,中国空间科学学会常务理事,中国电子学会电波传播学会理事,等等。

空间物理学实际上是空间科学的一个重要组成部分,跟空间探测有很密切的关系。本文主要介绍四个方面的内容。第一是近来频繁的空间活动,第二是回顾一下空间物理的发展,第三是空间物理学研究什么,最后介绍一下我们国家空间物理学的现状和展望。

一、近来频繁的空间活动

近年来空间活动非常活跃、非常频繁,我们下面举几个简单的例子。

第一个例子,图1大家都认识吧,这是在2003年10月15日,我们国家的"神舟五号"飞船成功地把宇航员杨利伟送上了太空,并于16日安全地返回了地面。这使得我们国家成为继苏联和美国之后,第三个独立把宇航员送入太空的国家。这个事件在国际上产生了非常大的反响。

第二个例子,2003年12月30日,我们国家在西昌卫星发射中心发射了"双星"计划中的第一颗卫星。"双星"计划共发射了两颗卫星,一颗是在赤道轨道上以椭圆轨道运行;另一颗是通过南北极以椭圆轨道运行(参见图2)。在空间轨道上,这两颗探测卫星以及欧空局发射的4颗小卫星,构成了一个六点的观测体系。第一颗卫星是一颗专门的空间物理学探测卫星,它在空间探索方

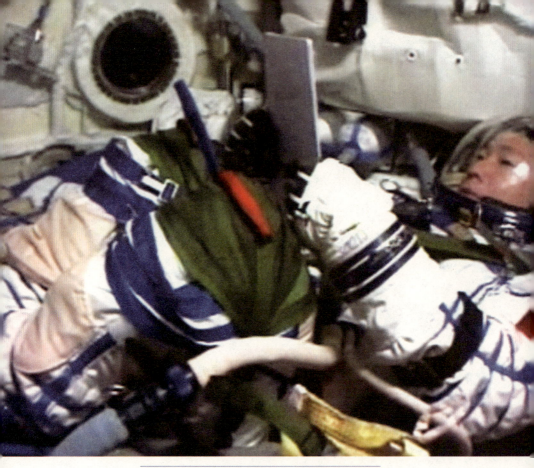

▲ 图1　杨利伟在"神舟五号"载人飞船上

面,也就是在航天方面也有很重大的意义。因为我们早期发射的卫星的最高高度是36000千米,而这颗卫星的最远地点达到了70000多千米,这使得我们在火箭技术、测控、探测、发射等方面都有了一个很大的进步。第二颗卫星是在2004年7月份发射成功的。

　　第三个例子,大家知道,我们国家正在启动"绕月"计划,我们叫做"嫦娥工程"。这个项目已经在2003年1月份正式立项,它分成三步走:第一步是发射一个月球的卫星,它的近月点差不多是200千米,这个卫星要对

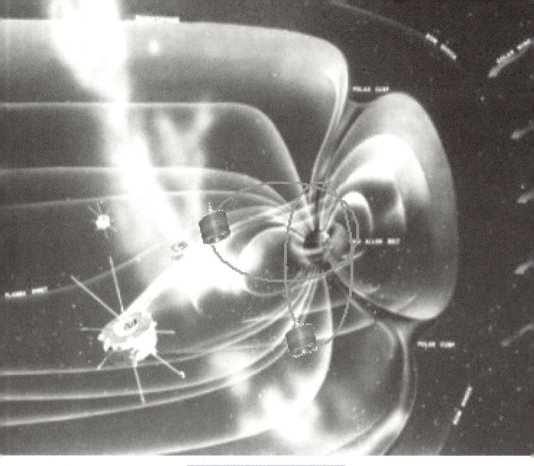

▲图2 "双星"计划和轨道

月球的表面进行三维的监测,对月壤的成分、厚度进行探测,同时还要探测从月球到地球空间的一些参数。第一步计划投资14亿元人民币,这项资金已经启动。第二步、第三步现在也在论证之中,整个计划要投资195亿元。大家可能要说了,国家为这个计划花这么多钱干什么?实际上,这个计划有很重要的意义。那么,它的实际意义在什么地方呢?首先是政治上的意义。作为老百姓来讲,这里面涉及一个民族自豪感的问题。苏联、美国去探测月球,我们也要显示一下我们国家是空间大国,显示一下我们的航天能力。现在,印度提出来要在2008年发射绕月飞行的卫星。所以说,做这个项目首先是一个民族自豪感的问题。同时也显示了一个国家的科技实力。第二,通过这样一个探测计划,可以带动我们国家很多工业的发展,可以促进很多科技方面的产业,包括材料、通信以及其他各方面高科技产业的发展。第三,我认为是为了科学,是科学发展的需要。我们国家的"绕月"计划第一步是发射升空,起码要赶在印度前面发射。然后第二步是要落到月球表面。第三步是要在月球表面上抓把土,拿点岩石运回来,这一步希望在2017年实现。以上这些是我们从国内看到的一些空间活动情况。

关于国际上的空间活动情况,我也举两个例子。一个例子是美国发射了对火星探测的卫星,"勇气"号探测卫星于2004年1月4日在火星表面登陆,另外还有一个"机遇号"也于2004年1月25日在火星着陆,对火星进行探测,它们的主要任务就是要探测火星上到底有没有水。从2004年3月份发布的结果来看,情况还是很鼓舞人心的,起码证明了火星上是有水的。火星上的水很可能是在地下,具体情况还要再作进一步的科学认证。国际上还有好多的消息,我们看报纸就会看到。比如,最近一则消息说,科学家发现太阳系有第10颗行星Sedna。当然关于第10颗行星的问题,历史上也争吵了很久，主要是由于在观察到海王星的时候，海王星的轨道跟用天文学计算出来的轨道有一定的差异。当时就有科学家猜想，在海王星的外面有其他的行星。在20世纪30年代就发现了冥王星，但冥王星很调皮，它的轨道和我们计算的轨道总是有差异。于是有两种理论就出来了：一种理论是非线性科学，非线性科学认为它的轨道就是不唯一的，就是变来变去的，这是一种观点。还有一种观点就反问，为什么在太阳系中只有9个兄弟？为什么没有第10个兄弟呢？所以就有科学家老在找第10颗行星。大概在2002年6月份的时候，已经有报道说，太阳系可能有第10颗行星Quaoar。Quaoar比较小，只有地球的1/4。后来争吵了一段时间，大家好像又不太同意这个说法了。现在有人又提出了这个问题，于是又有了这个所谓的第10颗行星Sedna。但是对于这个问题，大家有不同的观点。

2004年1月14日，美国总统布什宣布了美国新的空间发展计划。这个计划主要包括三点：第一是在2010年完成国际空间站，国际空间站是国际上的一个大的合作项目，下面我会作详细介绍。第二是在2008年前完成一个新的载人探索飞行器，在2014年要完成第一次载人航天飞行。因为现在美国是用航天飞机载人航天飞行的（参见图3），航天飞机老出故障，发生了两次大的事件，造成了很严重的损失，而且每次都是牺牲了7个人。现在美国人认为用航天飞机载人航天飞行是有缺陷的,他们要研制一种新的载人探索飞行器。第三,美国要在2020年前重返月球,就是人类要重回月球,在月球上建立航天基地,为探索更遥远的地外空间做好准备。还有一些科学家提出来,是不是派个人到火星上去探测一

▼图3 美国"哥伦比亚号"载人航天飞机

下？本来是有这样的计划的，但是目前看来，这个计划还有相当大的难度。也就是说，如果人类从地球到火星去一趟的话，单程就要花半年多的时间，来回在路上就要花掉一年多时间，去一趟怎么也要在那边待几个月吧。所以一个问题是人的生存能力，另一个问题是人的心理能力，这些问题都是需要进一步考虑的。

二、空间物理学的回顾

实际上，空间科学、空间物理学可以追溯到很久以前。早在2000多年以前，我们国家的古籍里面就记载了人们观测到北极光的现象。北极光是一个高磁纬现象，现在的磁极在加拿大那边，我们中国现在在黑龙江的漠河可以观察到极光现象（参见图4）。但早在2000多年前的时候，我国古人在河南开封一带就可以看到极光。这是一个典型的空间物理现象。一直到19世纪，人们才可以做一些比较定量的观测。到20世纪，英国科学家用探测设备向上发射无线电波，无线电波会返回地面，而且无线电波从英国发射，可以在美国接收到。为什么会出现这样的情况呢？从这个现象中，科学家们提出，地球空间存在着一个电离层，就是由电离气体组成的层。电离气体层和电磁波可以相互作用，使得电磁波反射后再折射。所以说，科学工作对人类的生活有着很密切的

▼ 图4 极光(Aurora)现象

影响。英国科学家阿普尔顿(Appleton)由于发现了电离层和磁离子理论(就是电磁波在电离气体层中传播的理论),而获得了1947年的诺贝尔物理奖。

空间物理学的真正诞生,是在1957年的10月4日,就是苏联发射第一颗人造卫星的日子(参见图5)。这颗卫星的发射使得人类不仅仅可以从地球上观测空间环境,而且可以到地球之外的空间中对空间环境进行观

朝气蓬勃的空间物理学

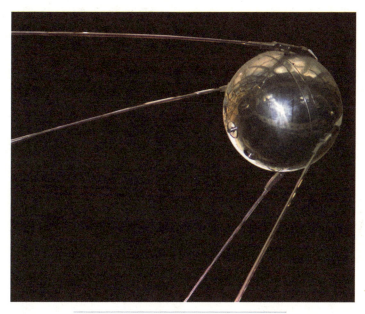

▲ 图5 苏联发射的第一颗人造卫星

测,所以,空间时代以这个事件作为标志。1957年还有一件重大的事情,那就是在国际上开展了国际物理年的合作项目,有4000多个台、站,40000多个科学家参加了这么一个联合观测,从1957年到1958年,这两件事情是空间科学诞生的标志。

1958年,美国第一颗人造卫星发射升空以后,发现在地球的高空有一个高能粒子所捕获的区域,这在科学上是一件很有启发性的事情。就像大家看到的这张极光照片(见图3)，为什么会出现极光现象呢？科学家们就猜测，太阳的高能粒子打到地球的上空后，高能粒子和地球上空的中性粒子碰撞，使得中性粒子成分电离，产生跃迁，发出强光，产生极光。这个原理直到现在来看也是正确的。但这个原理已经产生100多年了。那么，这些粒子进到地球上空以后怎么运动？这牵涉到带电粒子在地球磁场中运动的特征问题，带电粒子一方面要围绕磁力线打转，另一方面要沿着磁力线南北运动，然后要在垂直于磁力线的平面中漂移，所以要解决这个问题比较难。瑞典科学家阿尔文(Alfvén)提出了一个引导中心理论，就是把这样一个复杂的问题给分解开。有一种运动不就是带电粒子沿着磁力线打转吗？如果打转的话，带电粒子中心总得沿着磁力线吧，所以他就提出了引导中心理论。一方面，引导中心沿着垂直于磁力线的方向运动，同时，带电粒子又在引导中心附近回旋。这样就把这个问题解决了。阿尔文因此获得了1975年的诺贝尔物理奖。所以，在地球高空可能有一种高的带电粒子的区域。美国发射了一种记录粒子数的仪器上去，实际上它是一种很简单的设备，有一个粒子就打一下，记一个数。结果一看，粒子已经远远超过它的容量，达到饱和状态了。也就是说，粒子数太多了。所以美国科学家范·艾伦(Van Allen)教授就提出，它就表示在空间确实有一个高电离度的区域,即辐射带。他很快就把这个结论发表出来了,后来也得到了证实。苏联第一颗人造卫星也带了同样的一些设备,也观测到了这种现象,但不敢认为这是一种新的物理现象,于是就检查仪器是不是坏了,仪器是怎么回事,怎么记录不下来了?结果错过了一个重要的发现机会。所以说在科学发现中,有偶然性,也有必然性,这需要我们有比较广阔的思维,但也要有很好的学科基础。

1958年,科学家发现了太阳风,太阳风的发现也有一个很有趣的故事,但我在这里不详细说了。到了20世纪70年代,科学家发现我们地球的空间是这么一种状态:在太阳风吹过地球空间以后,磁尾会拖得很长,一直可以拖到200多个地球半径那么长,这就是我们现在的地球空间环境,称为磁层。

在空间物理的发展史上还有一件很重要的事情,就是臭氧层损耗机制的发现。臭氧层早在1921年就被发现了。到1970年的时候,荷兰的保罗·克鲁特恩,美国的马里奥·莫利纳、F.罗兰三位科学家发现了臭氧有损耗机制,臭氧层分布在地球上空十几千米一直到五十几千米的高度上。1985年,科学家在南极发现了臭氧洞。这三位科学家由于发现了地球臭氧层的损耗机制而获得了1995年的诺贝尔化学奖。

到了20世纪60年代,空间科学进入到了第二个发展阶段。这一阶段出现的重要事情很多,有代表性的重大空间事件主要有两个:一个是在1961年4月12日,苏联第一个宇航员加加林乘坐"东方1号"飞船绕着地球运行了一周,开辟了人类第一次离开地球表面进入空间探测的新纪元。加加林升空之后,当时的美国总统肯尼迪召开了紧急会议。他提出:"我们落后了,我们落后了怎么办?就要跨越式发展!"不久,美国提出了一个新的空间计划,一个大的空间计划,就是要在10年之内登上月球。从1961年开始,美国就希望在10年之内,把人送上月球。这个计划必须要有配套的研究,包括发射系统、通信系统、遥测系统、空间科学等各方面的研究都要跟上。1969年7月,美国有两个宇航员登上了月球,宇航员阿姆斯特朗登上月球时有一句很有名的话:"对于我个人来讲这是一小步,但对于人类来讲这是一大步。"

我们国家的空间科学研究起步很早。1957年苏联第一颗人造卫星升空以后,我国著名科学家赵九章先生紧接着就向国务院提出了我们国家也要发展人造卫星的建议。所以当时就有"581"计划,就是1958年1月开始实施的人造卫星计划。经过10年的努力,1970年10月24日,我们发射了我们国家的第一颗人造卫星。虽然晚了一步,但这也是一件很了不起的事情。大家想一想,在1970年的时候,我们国家处在"文化大革命"的混乱时期,我们还有一部分同志坚持在科学第一线,把我们的卫星升上空去,多么不容易呀。

到了20世纪70年代以后,苏联开始发射空间站。苏联先后发射了"礼炮号"空间站和"和平号"空间站(见图6)。1973年,美国发射了空间实验室。1981年,美国

▲ 图6 苏联"和平号"空间站

"哥伦比亚号"航天飞机试飞成功。同时,他们还大力开展了对深空的探测和研究。

现在,大家可能会感觉到搞空间探测很花钱。比如,我们的"绕月"计划第一步就要投资14亿元,如果要到月球上抓把土的话,就需要195亿元。大的空间站花费更多,美国也负担不了。所以现在搞空间探测必须开展国际合作。目前正在合作的阿尔法国际空间站,从1986年开始,包括美国、俄罗斯、日本、欧洲等不同的国家和地区联合起来建立空间站。

我们国家在1992年的时候,制订了"921"计划,提出要把我们的宇航员送上天。经过几年的努力,1999年,我们的"神舟一号"顺利升空了。2003年,我国宇航员杨利伟乘坐"神舟五号"载人飞船顺利升空并安全返回。2005年10月12日,我们发射的"神舟六号"载人飞船载着费俊龙、聂海胜两名宇航员成功发射升空,并安全返回。

人类总是没有满足的时候,总是要认识新的现象。总结起来,科学上目前有三个比较重大的问题:第一个是物质结构。物质再小,小到什么程度?到分子、原子、电子、夸克,可不可以再分下去?第二个就是宇宙的演化。人类总不可能随便就满足吧,我们对太阳系里面的很多东西还不是很了解呀,从太阳系到银河系,到河外星系,没有穷尽的时候。第三个就是生命的起源问题。

我认为,这确实是需要研究的三个最基本的问题。对于生命的起源问题,我们起码要了解我们人类自己是从哪里来的,对不对?现在人们还提出了脑科学、认知科学等概念,我认为,它们还是和生命的起源有联系的。所以,除了探测我们的近地空间外,再一个就是要探测我们太阳系里的其他行星。我们在这方面也已经探测了好多年,比如说探测木星的"伽利略号"探测飞船。该飞船于2003年完成任务,强迫在木星的大气层中掉下来烧毁掉。为什么呢?因为我们现在认为,在太阳系中,最有可能有生命的行星就是火星,第二个可能有生命的星球就是木星的第二个卫星。"木卫二"可能有生命,所以人们就很担心"伽利略号"不小心撞到"木卫二"上去。如果撞上去的话,将来的官司就打不清楚了。如果在"木卫二"上发现了生命,你可以说是从地球上带来的,而不是它本来就有的,对不对?所以这样一想的话,还是用人为的方法让它撞到木星上烧毁,不让它和"木卫二"相撞。

到了20世纪90年代以后,大家认识到空间探测仅靠一个国家的力量是不可能完成的,必须要国际合作。其中一个国际合作计划是ISTP计划,即"国际日地物理"计划。该计划是发射一系列的飞船,再加上一系列的小卫星计划,包括我们的"双星"计划,这是一个大的合作计划。

再一个计划就是STEP计划,即"日地能量"计划,就是把从太阳到地球看成一个系统来研究。从太阳大气到行星际空间,到地球的磁层,然后到电离层,再到下面的中层大气,到对流层,到对流层下面各层,直到地面。同时,下面各层对上面各层也有影响,所以说"日地"是一个系统。

三、空间物理学研究什么

就空间物理来讲,我们主要是对日地系统进行整体研究。

上面简要介绍了空间物理学的历史,那么空间物理学到底是干什么的?归纳起来说,空间物理学是伴随人造卫星成功发射而形成和发展起来的交叉学科。它主要研究广阔的太阳大气和行星际空间,地球和行星的磁层、电离层,以及中高层大气中的基本物理过程及其演化规律,探索空间环境的监测、诊断、预报及其在航天、国防、通信、导航等各方面的应用。

太阳是太阳系的主宰,对我们地球有很重要的影响。俗话说,太阳打个喷嚏,地球就要感冒了。太阳耀斑和日冕物质抛射会对地球产生很重要的影响(参见图7),这是现在最热门的研究课题之一。目前,科学家认为日冕物质抛射是对地球最有影响的物理现象,也是日

朝气蓬勃的空间物理学

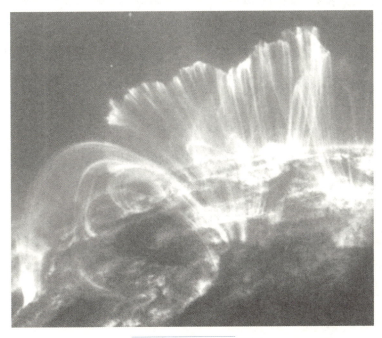

▲ 图7 太阳耀斑

地系统研究中的最重要的物理现象。地球空间有不同的层次,从外大气层、热层、电离层,到中间层、对流层,一直到下面的地球表面。所以说,空间物理学首先应该说是一个基础学科,是人类认识自然的前沿性的基础学科。广阔的空间环境是天然的实验室,有5位科学家因为在空间环境研究中有重大的发现而获得诺贝尔奖。从日地系统来看,太阳能量输出有两方面,一个是场,一个是粒子。场主要是辐射的形式,辐射可以从短波的X

射线、γ射线一直到可见光、红外，同时影响到了地球，引起电离层的变化，然后还可以引起臭氧及气溶胶的变化。电离层的变化涉及动力学及光化学的问题。另外一个是粒子，这是一个人们广泛关注的问题。磁场会对粒子运动发生影响，然后对地球的空间环境造成影响。这些粒子还可以影响到地面的生态系统，而地面的生态系统可以影响到空间环境，比如说火山爆发、二氧化碳、烟囱、汽车尾气、冰箱氟利昂，等等。所以，必须要把日地系统作为一个整体来研究。

空间物理学又是一个应用科学。它不仅仅是一个基础学科，它与航天、通信、导航、电力，以及人类生存环境和社会发展有很密切的关系。现在大家知道，卫星发生故障了，因为高能粒子打到它上面去使得计算机不工作了。受空间环境影响，它的姿态发生变化了。据统计，40%的飞船故障是由于空间环境的影响所引起的，我们中国统计的结果也是如此。不管怎么说，空间环境对航空航天的影响是非常大的。空间环境也会影响到人的健康和生命。有研究表明，在空间环境比较差的时候，心脏病的发生率也比较高。空间环境还可以引起导航、输电网方面的事故，从而造成很大的损失。1989年，在加拿大的魁北克地区以及美国的北部，曾经发生过一次重大的停电事故，就是由于太阳活动大规模的爆发以及空间环境的变化，造成输电网的中断而停电，大概停电9个小时。所以通俗地讲,空间物理学到底研究什么?我认为,在整个太阳系中,你把太阳挖掉,这是太阳物理学家的事;你把地球固体层挖掉,那是地球物理学家的事。其他的事情都是空间物理学的研究范围。

20世纪80年代以来,空间物理学家们认识到加强各个国家之间的合作的重要性,所以实施了一系列国际合作计划。现在国际上正在开展"与星同在"计划和日地系统中地球气候和天气的研究计划。

四、我国空间物理学的现状和展望

最后,我想结合我们国家的实际,谈一下我国空间科学研究的情况。在我国空间科学家赵九章先生的提议下,1958年1月,我国开始了空间科学研究,当时创立了中国科技大学,其中设有高空大气物理专业。因为在1958年的时候,空间物理专业还没有通用,赵先生就兼任了首任系主任和教研室主任,为我国培养了一批空间物理人才。同时,北京大学、南京大学也成立了空间物理专业。我自己也是20世纪50年代从南京大学高空大气物理专业毕业的。当时我们对空间物理了解得非常少。为什么叫"高空大气"这个名字呢?因为当时我们在对对流层的研究中已经有"大气物理"这个专业,这个专业研究的东西比对流层高一点,就叫"高空大气"吧,于是这个专业名字就出来了。50多年来,我们国家在地基观测和天基探测、理论研究和数字模拟、环境预报和效果评估等方面都取得了很大的成就。在地基探测方面,发射了"实践"系列科学卫星,参加了"神舟"飞船系列及其他卫星的搭载实验,"双星"计划顺利实施,"探月工程"已经开始立项。另外,除了空间观测外,在地面观测方面,有一个"子午工程"。其实,这个工程已经提出快10年了,2004年3月3日通过了国家发改委委托的中咨公司实行的评估,所以估计很快就要正式启动了。因为我们国家有辽阔的地域,从满洲里开始,一直到海南岛,形成一个子午链,来探测不同区域空间环境的变化。在理论研究和数值模拟方面,我们也组织和开展了一系列活动。"七五"期间,我们组织了"22周太阳活动峰年日地系统整体行为"研究;"八五"期间,我们跟国际上的STEP计划配合,开展了"日地系统能量传输过程"的研究;"九五"期间,我们开展了"日地空间灾害性扰动过程及其对人类活动的影响"的重大项目以及其他重点项目的研究;"十五"期间,科技部的"973"计划里面有一个"太阳剧烈活动与空间灾害天气"的研究计划。国家自然科学基金委员会在"十五"期间也把"日地空间环境与空间天气"作为一个优先资助领域。另外,在"十五"期间,国家高技术发展规划——"863"计划也增加了有关与空间环境预报有关的研究项目。这一系列项目使得我们国家在空间物理学的研究方面取得了很多成果。

在环境评估方面,我们也有很多成果。比如,国家天文台发布太阳活动预报;中科院空间科学与应用研究中心对空间环境、空间碎片发布常规预报;国家气象局及一些地方气象局也在开展这方面的预报业务。

除了以上所讲的以外,在人才培养方面,我们非常需要一批高素质的空间科学家。我们国家的空间物理学研究与世界先进国家相比,是有差距的,但是我相信,通过我们国家政府和各界人士的大力支持,特别是随着年轻人才的快速成长,这个差距会越来越小。我们国家在世界空间物理领域将会有崭新的舞台。

搭载着"嫦娥二号"卫星的"长征3号丙"运载火箭在西昌卫星发射中心点火发射

探索宇宙奥秘

杨 光

一、宇宙的起源和大小
二、太阳系
三、我国航天技术的发展

【作者简介】杨光,1980年毕业于南京大学天文系。在长春人造卫星观测站参加全国卫星动力测地任务,该课题荣获中科院科技进步一等奖、国家科技进步二等奖。发表十余篇学术论文,其中《经纬仪状态参数和第三代激光测距精度的统计估计》1990年被评为中科院重大科研成果,获中科院长春分院科技进步二等奖。从1992年开始从事天文科普工作,为三十余万成人和青少年开展各种科普活动,2002年被科技部、中宣部、中国科协授予"全国科普工作先进工作者"称号。《天文科普和爱国主义教育基地的建设与研究》1999年获中科院长春分院科技进步一等奖,2004年获长春市科技进步三等奖。长春人造卫星观测站1999年被科技部、中宣部、教育部、中国科协联合命名为"全国青少年科技教育基地",1999年在全国科普工作会议上荣获"全国科普工作先进集体"称号。2002年被中国科协确定为"中国科普志愿者队伍"试点单位。中央电视台、新华社、中国新闻社、人民日报社等媒体进行300余次采访和报道,产生较大的社会效益。被长春市教育局聘为兼职专家教师。

探索宇宙奥秘

天文学是最古老的科学,也是当今发展最迅速的学科之一。远古时期人类放牧依靠北斗七星和北极星来判别方向,航海依靠星座来导航。当今社会天文学的发展代表着一个国家的整体科技水平,宇宙飞船的不断完善,带动多学科的快速发展,给国民经济带来巨大的推动力。

一、宇宙的起源和大小

德国著名哲学家伊曼纽尔·康德在《实践理性批判》中有一段名言:"世界上有两件东西能够深深地震撼人们的心灵,一件是我们心中崇高的道德准则,另一件是我们头顶上灿烂的星空。"和浩瀚的宇宙相比,地球是那么渺小,人类存在的价值即是使智慧代代相传,不断进步,得以探究宇宙的无穷奥秘。从童年开始,漫天的星斗,划破夜空的流星,日、月的东升西落,都给人们带来神秘的遐想,深感宇宙之奥秘。宇宙的起源问题排在当今科技界七大争论问题的首位。宇宙是全部时间、空间和所有天体的总称。浩瀚的宇宙是怎样产生的呢?历史上关于宇宙的起源学说有几十种,随着科学的进步,与观测不符的理论都将一一被推翻,20世纪60年代产生的"火球大爆炸理论"与观测符合,已被人们接受。3K背景辐射、天体红移、宇宙物质丰度和宇宙年龄四种观测

▲ 图1　金牛座中的昴星团

到的现象有力地支持了"火球大爆炸理论"。

　　天文学家哈勃发现宇宙中的天体光谱都存在红移现象，证明多数天体都远离我们而去，这已被观测到的事实所证实。按现在的退行速度可以推算出宇宙的年龄是140亿年左右。宇宙形成初期是一个高温、高密的火球，是一个奇点，和超新星爆发一样，产生大爆炸，它的温度达到100亿摄氏度以上，物质密度相当大，宇宙间只有中子、质子、电子、光子和中微子等一些基本粒子形态的物质。这时整个体系在不断向外膨胀，温度急剧下降。温度降到10亿摄氏度左右时，中子开始失去自由存在的条件，要么发生衰变，要么与质子结合成重氢、氦元

▲ 图2　仙女座星系

素,化学元素就是在这个时期形成的。温度下降到100万摄氏度后,早期形成化学元素的过程结束。宇宙间的物质主要是质子、电子、光子和一些比较轻的原子核。当温度降到几千度时,辐射减退,宇宙间主要是气态物质,气体逐渐凝聚气云,再进一步形成各种各样的恒星体系,成为我们现在所见的宇宙(见图1、2)。

　　那么宇宙有多大呢?人类生存的太阳系是银河系中的一员,银河系包含像太阳这样的恒星大约2000亿~3000亿颗,宇宙中还包括数百亿个与银河系相似的星系,人们把它们叫河外星系或河外星云,众多的星系组成了总星系——宇宙(见图3)。

▲图3　哈勃空间望远镜拍摄的离我们100亿光年远处的星系

▲图4　哈勃空间望远镜

当年的火球大爆炸产生了这样大的宇宙,那么宇宙到底是有限的,还是无限的呢?目前哈勃空间望远镜(见图4)已经看到离地球120多亿光年的天体,看到当年大爆炸产生的宇宙边界还有多远呢?那么大爆炸产生的宇宙的外面又有些什么呢?随着科学的进步,人们一定会找到答案。

二、太阳系

唐朝诗人李贺在《金铜仙人辞汉歌》中有一句:"天若有情天亦老",词深意险,历200年无人能对。直到宋朝,文学家石曼卿才对出下句:"月如无恨月长圆",非常贴切,被传为诗坛佳句。太阳系的统帅——太阳的年龄大约有50亿年,它处于主星序阶段,是比较活跃的恒星,它每时每刻产生核聚变,氢聚变成氦的过程产生大量的光和热。太阳的核聚变还可以持续50亿年,50亿年后太阳将变成一颗红巨星,它的边界要膨胀到目前地球的轨道位置,然后收缩成一颗白矮星,结束它的一生。比太阳质量大很多倍的恒星晚年的归宿可能是中子星或黑洞天体。天蝎座中的心宿二就是一颗红巨星(见图5)。

已知太阳系(见图6)的行星中水星离太阳太近,观测的机会比较少,哥白尼临终时留下一个遗憾,就是没有观测到水星。

金星(见图7)是大家熟悉的行星,早晨太阳升起之前它被称为"启明星",太阳落山之后它在西边出现,称为"长庚星",在中国古代还被称为"太白"。

航天与航空科学技术集

▲图5 红巨星与大恒星直径比例图

▼图6 太阳系示意图

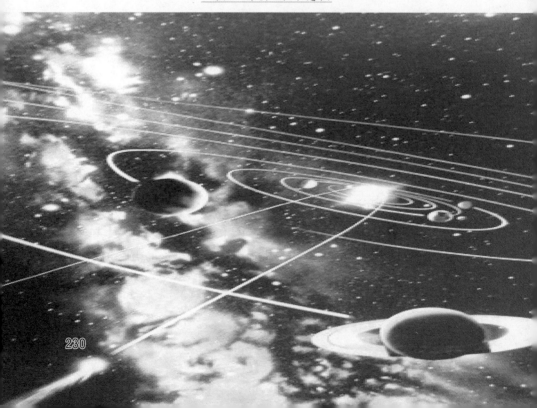

探索宇宙奥秘

▲ 图7　金星

　　苏东坡的水调歌头："人有悲欢离合,月有阴晴圆缺,此事古难全。但愿人长久,千里共婵娟"。"月有阴晴圆缺"说的是月相的变化,"婵娟"指的是嫦娥,人类自古就向往飞向月球。1969年7月20日美国航空航天局实现了人类的梦想,也就是完成了"阿波罗登月计划",从"阿波罗11号"到"17号",共有六次成功地登上月球。第一个登上月球的宇航员阿姆斯特朗走下登月舱时说:"我已登上月球,我马上迈出踏上月球的第一步,对一个人来说,这是一小步,但对人类来说,这是跨了一大步。"(见图8)美国将月球岩石制造成水泥,发现其强度比世界最好的水泥强度还要高两倍。美国计划建造月球基地,将来最好的旅游胜地可能是月球。

▲ 图8　宇航员登上月球

　　火星是一个神秘的星球。火星上有没有火？火星上有没有水？火星上有生命吗？火星能成为人类的第二故乡吗？这些问题目前都能被很好地回答。美国"机遇号"和"勇气号"又在火星成功登陆（见图9），人类登上火星的时间大约也不远。

　　木星是太阳系中最大的行星。1994年7月16日至22日"苏梅克—列维9号"彗星撞击木星，成为千古奇观，21颗彗星碎块撞击木星产生的爆炸力相当于20亿颗原子弹的威力，这是多么惊心动魄的宇宙奇观（见图10）！世界上每天夜间有很多天文工作者和天文爱好者在巡天观测，发现有小行星或彗星向地球飞来时，将会发射火箭，用原子弹将其炸毁或改变其轨道。

▲图9 火星探测器拍摄的火星表面

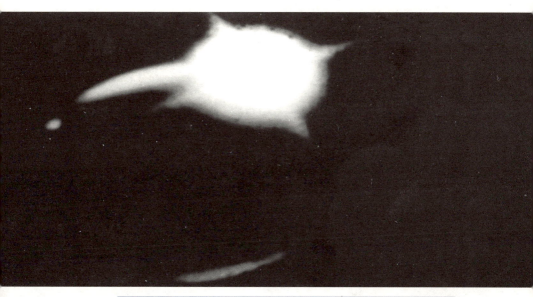
▲图10 "苏梅克—列维9号"彗星碰撞木星的红外大闪光

三、我国航天技术的发展

1970年我国成功发射第一颗人造卫星"东方红1号",录下用出土编钟演奏的《东方红》乐曲在全世界传播。到目前,我国已成功进行80多次人造卫星的发射和回收。目前我国的"一箭三星"技术、返回式回收技术、地球同步卫星技术在世界处于领先地位。1999年11月20日我国第一艘不载人宇宙飞船"神舟一号"成功发射和回收,2003年10月15日"神舟五号"发射成功,成功回收,杨利伟的名字家喻户晓,成为人们心中的英雄(见图11)。

2005年10月12日"神舟六号"成功发射,费俊龙、聂海胜在太空中飞行5天,10月17日成功返回地面。"神舟

▼ 图11 杨利伟在太空中飞行

七号"等陆续发射,宇航员还将进行太空行走,开创中国航天的新纪元。2007年又发射了我国的探月飞船"嫦娥一号",中国五星红旗插上月球的那一天不会遥远。

这是航天员杨利伟拍摄的作品,他说这是他看到的地球最美的画面

科学精神和科学思维是航空科技创新的灵魂

陈懋章

一、飞机是20世纪人类的伟大发明
二、科技创新是航空技术进步的源泉
三、科学精神和科学思维是创新的灵魂

【作者简介】陈懋章,1936年生于四川成都,1952年考入北京航空学院发动机设计专业,1957年毕业后留校任教至今。1979年,作为改革开放后第一批出国的访问学者,在英国伦敦大学帝国理工学院航空系,从事湍流和转捩研究,1981年回国。1983年,国务院学位委员会批准为博士生导师。北京航空航天大学教授,中国工程院院士,航空发动机专家。先后担任国务院学位委员会航空航天评议组成员和北京大学湍流国家重点实验室学术委员会委员等工作,以及《航空动力学报》主编。

陈懋章为某型航空发动机研制成功作出了重大贡献。他提出一种新型的压气机扩稳装置,保证了发动机在整个飞行包线内稳定可靠工作,排除了空中熄火故障,获1999年国家技术发明二等奖。

"低速大尺寸压气机实验装置及转子流场动态测量技术"是研制核心压气机的重要设备,获国家科技进步一等奖。该实验技术的难点之一是低速模拟高速,陈懋章等人发展了一套理论和方法,可用不相似的几何条件实现高低速之间的转换。

陈懋章在叶轮机三维流理论与应用以及黏流理论研究也取得了多项成果。他对三维不稳定波的研究,完成了边界层转捩过程中三维波发展的中前期阶段的理论描述,具有重要价值。

1999年当选院士后,又率领研究组在大小叶片理论和应用方面取得了重大突破。有关部门正组织安排将此项技术用在型号上以提高部队的装备水平。现又率领创新团队开展更具挑战性的研究。

2000年获得何梁何利技术科学奖。专著《粘性流体动力学基础》获国家级优秀教材二等奖。

科学精神和科学思维是航空科技创新的灵魂

　　创新是一个民族、一个国家能否兴旺发达的灵魂，建成创新型国家是中华民族伟大复兴的必然目标。这一目标将指引我们前进的方向。创新，就其本质而言，是追求对客观规律更深层次、更高层次的认识，然后在这样的基础上，更好地将客观规律应用于技术和生产领域，以期得到更好的实际效果。所以，创新，是一个主观与客观紧密结合的过程。我想要探讨的是精神层面的问题，是我们需要怎样的精神层面的东西才能有利于创新，才能做出真正的创新，而不是把创新这个词当成敲门砖到处乱用，把我们的一部好经给念坏了。

　　如果说创新是一个民族的灵魂，那么我认为，科学精神和科学思维则是创新的灵魂。创新所需要的精神层面的东西就是科学精神和科学思维。本文就是以航空科技发展为例，说明创新的作用，说明在整个航空发展史上所体现出来的科学精神和科学思维。

一、飞机是20世纪人类的伟大发明

　　1903年美国莱特兄弟制造出了第一架有动力的飞机，飞上了蓝天，实现了人类几千年的梦想。他们第一次飞行的留空时间仅12秒，飞行距离仅36.6米，平均时速仅31千米/小时，从现代的眼光看，这些数据简直微不足道，(例如，SR-71速度为3529千米/小时；又如，"鲁斯兰"绕苏联边界闭合航线飞行,距离20151千米,飞行时间25.5小时),但这确实是一件伟大的新生事物,具有不可限量的发展前景,它宣告了人类社会从此进入了航空时代的新纪元。百年来,蓬勃发展的航空科学技术对人类社会产生了巨大的影响,在很多方面改变了人类社会的面貌,已经成为最能代表国家综合实力和科技水平的一个高科技领域。

经济发展的需求刺激着航空科技的迅猛发展。交通运输需要不断提高运送速度和运载量,发展到现在,运输机的速度能接近音速或超过音速(A340的飞行速度达990千米/小时,而协和则达音速的2倍,即约2300千米/小时,已比太阳"跑"得快,也比地球自转速度快——赤道约为1600千米/小时),载客量多达数百人(波音747—400,载客368~550人,A380可载550~800人),载物则可达数百吨,航程在万千米以上(An-124"鲁斯兰",载物150吨货物,满载航程4500千米,空载航程20151千米)。今天的民航飞机已成为人类快捷、安全、经济和舒适的交通工具。"朝辞白帝彩云间,千里江陵一日还",从三峡上游的白帝城到湖北的江陵花1天的时间已经使李白这位伟大的浪漫主义诗人欣喜不已,而现在则不需1小时,不知这位诗人如果生活在现在是不是会写出更浪漫的诗篇。现代的越洋宽体客机已取代了远洋轮船在洲际旅行上的首要地位。1492年哥伦布发现新大陆(是否是哥伦布最先发现新大陆,学术界还有一些新的看法),从西班牙的巴罗斯港出发到中美洲东海岸外的巴哈马群岛,花了70天的时间。1877年清朝派往英国的第一批留学生,其中包括严复(他根据赫胥黎的著作翻译、阐述而完成了《天演论》,这部著作对于维新运动、对于传播现代科学思想起了很大作用),从香港到伦敦,花了36天,而今天则可在12小时左右的时间完成这些航程。而且如果"泰坦尼克号"的死难者乘坐波音、空客,就不会发生那样的悲剧了。2000年的统计表明,全球该年乘飞机旅行、公干的旅客量达到了5亿人次,而全球货运量也达到了700万吨,并以年5%的平均增长率上升。而乘坐飞机的安全性也远比铁路、航海、公路为高。从各种交通的失事、人员死亡的比例中,铁路占1.18%,水路占3.15%,公路占90.58%,而航空运输仅占0.49%。据有趣的估算,按目前航班的失事率水平,如果该人平均每周乘一次飞机,那该人要经过2.9万年才会碰到一次飞行事故。航空失事率每年不同,但大体上稳定在极低的数量级上。从总体上说,目前稳定在如下的概率水平,即每十亿公里的飞行中死亡不到1人,每飞行十亿公里才会发生1至2次的飞机失事,或每飞行百万小时才发生1人死亡事故。总之,航空运输使人间的交流、商品的输送与信息的传送达到前所未有的便捷。这对于经济的发展、社会的进步和人民生活质量的提高起了很大的作用。除运输机外,还发展了数量远远超过运输机的通用飞机。它们在工业、农业、林业、牧业、勘探、环保、气象、公安、测绘、运动、旅游、紧急救援、公务旅行等社会生活的诸多方面起着越来越重要的作用。

20世纪是人类历史上战争次数最多、规模最大的时期。战争的需要成为促进航空技术发展的主要动力。第一次世界大战发生在飞机发明后不久,飞机就已被用在战场上,先用于侦察、手投炸弹、手端机枪的攻击。从此开始了军用飞机的快速发展。第二次世界大战期间,空军的大规模加入和大范围的轰炸使得"二战"空前惨烈。战争证实了航空装备是制胜要素之一,成为战后美、苏超级大国军备竞争的一项主要内容。后冷战时期的几次局部战争进一步证实了飞机在现代战争中起着越来越大的作用。总之,自从飞机被用于战争的第一天起,战争的形态就发生了根本变化:由过去单纯的地面战争或海上战争发展成为陆、海、空立体战争;从过去前后方分明的只有前线一条线的"单线"战争发展为处处都可能是前方,因而前后方没有明确分明界线的"全面"战争;从过去军力、武器装备转移调度严重受限于陆地和海上输运速度和能力的低转换速度战争,转变为大范围快速机动的高转换速度战争。战争形态的根本改变,导致战争理论的相应改变。

总之,问世只有100多年的飞机,已给人类社会的各个方面带来了巨大而深刻的变化,不幸的是,它是一把锋利的双刃剑,它既促进了人类社会的繁荣进步,也带来了空前灾难和破坏,这大概是莱特兄弟始料不及的吧。

二、科技创新是航空技术进步的源泉

一部航空发展史就是一部航空科技创新史。飞机就像人一样,不仅有肢体,而且有心脏,有感官系统,有神经系统,而发动机、雷达、信息处理、控制等就是飞机的心脏、感官系统和神经系统。所以航空业就是这些多学科综合集成的高科技产业,能达到今天这样的发展高度,是多学科的科技领域的发展结果,它包含数学、物理、化学、空气动力学、固体力学、热力学、电子学、材料学和装备制造等,是无数大大小小创新的结果。我不可能都给以描述,我只列举具有重大意义的,甚至具有决定性意义的重大创新、发明和发现。这实际是讲航空科技发展史,但不是仅仅为了增加知识。以史为镜可知兴衰,讲航空史的目的,是认识现代高技术是怎样发展起来的,领悟支撑这些发展的科学精神,寻求把中国建设成创新型国家所需要的精神层面的东西。

1. 从扑翼机到固定翼机

能像鸟一样在天空飞翔,是人类的伟大梦想,它一直激励着无数中外学者和工程师从未停息的探索。王莽时代(公元9~23年),已有人装着翅膀学习鸟类滑翔。模仿鸟类扇动翅膀飞翔,即扑翼机,是持续时间最长的飞翔方案。文艺复兴的巨匠、航空科学的伟大先驱达·芬奇几乎一生都在研究和设计扑翼机,直到晚年他才意识到人类不可能靠自身的体能实现扑翼飞行。这是15世纪末16世纪初的事。

又过了约300年,即18世纪末19世纪初(1804年),英国人凯利才对现代飞行理论做出了决定性的贡献。他开始仍未摆脱扑翼机的思维,但很快发现走不通,在深入研究的基础上,明确提出了飞行的要素,要能产生升力和推力,鸟的翅膀既具有产生推力的功能,也具有产生升力的功能。而人类的飞行器可以用不同的装置分别产生升力和推力,这将比单纯模仿鸟类飞行要容易得多。这一理论奠定了现代固定翼飞机的基础。凯利不仅给出了上述定性理论,而且给出了一些定量关系,这为后来莱特兄弟发明飞机奠定了基础。

2. 从蒸汽机到活塞式内燃机

凯利的理论并没有导致飞机的立即成功,因为还没有重量轻、功率大的动力装备。

科学精神和科学思维是航空科技创新的灵魂

约在1882年,俄国的莫查伊斯基曾用蒸汽机驱动飞机,进行了飞行试验,试验失败。1894年又有人制成一架大型双翼机,装两台蒸汽机,由于总重过重,约3500千克,飞机坠地摔坏。

1903年,莱特兄弟采用了活塞式汽油机,才最终实现了人类有动力的飞行,这比凯利的飞行理论大约晚了100年。他们的发动机功率约为9千瓦,发动机的重量约为75千克,发动机的功重比(发动机的功率/发动机重量)为0.12千瓦/千克。现代先进的涡轴发动机的功重比可达10千瓦/千克,约为当时的100倍。

1712年英国人发明了实用的蒸汽机。1782年瓦特成功研制了高效率的能够广泛应用的蒸汽机。1860—1870年奥托研制成功了四冲程内燃机,1876年奥托进一步研制成功了可靠高效的四冲程汽油机。飞机发明于1903年,飞机的发明比以蒸汽机为标志的工业革命晚了近140年,而只比内燃机的出现晚20多年。所以,活塞式内燃机的发明是莱特兄弟能够成功的又一决定性因素。

3. 茹可夫斯基的机翼升力理论

飞机设计的一个关键问题是要知道机翼能产生多大升力。围绕这个问题,许多国家开展了多方面研究,其中最具决定性意义的是俄国科学家茹科夫斯基于

1907年提出的升力公式,它建立了升力与绕机翼环量之间的关系,解决了用理想流体计算升力的难题,奠定了亚声速空气动力学的基础,为飞机设计逐步走向成熟做出了基础性贡献。关于这一理论,在后面还将进一步阐述。

4. 普朗特的边界层理论

在普朗特的边界层理论问世以前,流体力学基本沿着两个分支独立发展着,一是理论流体动力学,它忽略流体实际具有的黏性,成为无黏性的理想流体,于是以描写这种流体的欧拉方程为对象,用纯粹数学分析的方法进行研究。到19世纪末,这一理论已发展到相当完善的程度。但是这种理论在某些方面与实验矛盾,且不能回答从事实际工作的工程师们所关心的一些问题,如管道的流动损失多大,飞机阻力多大等。为了回答这些问题,于是以实验为基础,建立和发展了水力学。

1904年,普朗特发表的边界层理论完全改变了这种局面,把流体力学的两个分支统一起来,使理论与实际达到了高度的结合。边界层理论使人们能够通过计算得知飞机的阻力,并为后来解决更多的实际问题打下了基础。有人这样说,在近代流体力学的历史上,没有一种别的理论能像这种理论那样引起了如此巨大深远的影响,它为20世纪流体力学和飞机发展奠定了基础。边

科学精神和科学思维是航空科技创新的灵魂

界层理论、机翼理论和气体动力学一道成为现代流体动力学的基石。关于这一理论,在后面还将进一步阐述。

5. 从活塞式发动机到喷气式发动机

活塞发动机作为热机,它将热能转变为机械能,而螺旋桨作为推进机,它被活塞发动机带动旋转,产生推力。所以在这种系统中,热机和推进机的功能是由两个分开的装置单独完成的。不幸的是,随着飞行速度的提高,活塞发动机和螺旋桨都显露出它们无力满足高速飞行的先天性缺陷。一方面,随着飞行速度的提高,要求发动机功率大体按飞行速度三次方的比例增大,另一方面,随着活塞发动机功率的增加,将导致发动机重量迅速增大(接近三次方关系),已经不能满足飞机对发动机重量轻的要求,加之在高飞行速时螺旋桨效率急剧下降,表明活塞发动机——螺旋桨系统不能满足高速飞行的要求。例如一架总重不到5吨的飞机,装一台500千瓦的活塞式航空发动机,飞行速度为600千米/小时,如果要使这架飞机的时速提高到1000千米/小时,则需要有功率为10000千瓦的发动机,而活塞式航空发动机的功率最大也就是2200千瓦左右。按先进的活塞式发动机的功重比计算,光发动机就大于5吨重,已经超过了飞机的全部重量!在第二次世界大战中,美国的P-51"野马"式战斗机的飞行速度约为770千米/小时,此速度接近了活塞式发动机可能达到的速度极限。当时也有一些飞行员曾经试图用活塞式飞机突破"声障",但均以失败而告终。

活塞式发动机虽然理论上仍可增加功率,如增多汽缸数,但它无法提高功重比。提高功重比的一个有效措施是在汽缸数量和容积不变的条件下提高转速。但是活塞往复运动所对应的加速度严重限制了允许使用的转速。实际上直到1945年前后,活塞式航空发动机的功重比基本维持20世纪30年代初的1471瓦/千克的水平。

在飞机制造领域统治了50年的活塞发动机和螺旋桨推进在不断提高飞行速度的大趋势下,走向了自己的尽头。人们寻求更好的热机和推进方式。自然界中的水母运动很有启示意义,水母在水中由尾部向后喷出液体,喷出液体时所产生向前的反作用力就使水母向前运动。

17世纪建立的牛顿力学为喷气推进奠定了科学的基础。牛顿第三定律为反作用定律,它表明,物体A对物体B作用大小为F的力,则物体B将对物体A作用大小相等、方向相反的力,即反作用力。即是说,物体A(喷气发动机)对物体B(气体)作用一个向后的力,则气体将对发动机作用大小相等、方向相反的向前的推力。怎样使推力更大?牛顿第二定律为$F=ma$,所以增大推力的办法,原则上很简单,增大流过发动机的气体质量,并使

科学精神和科学思维是航空科技创新的灵魂

这些质量产生大的加速度。这两条增大推力的基本原则,从具体技术层面看,虽也有某些困难,但不是根本性的,是可以克服的,与活塞式—螺旋桨方式相比是相对易于实现的。特别应当指出的是,喷气推进是热机与推进机的有机结合,它既是热机也是推进机。而且,在一定速度范围内,同一发动机所能产生的推力将随飞行速度的增加而增加,且其作为热机的效率也在一定速度范围内,随飞行速度的增加而增加,这些特点决定了它适合高速飞行。当然,在更高的飞行速度下,燃气涡轮喷气发动机也不再适合,而要让位于冲压发动机和火箭发动机了。

有趣的是燃气涡轮喷气发动机这一重大的技术发明是由两个人在不同的两个国家在互相不通信息的情况下,在同一时期各自完成的,这也许是一种巧合,但我认为这反映了更深刻的道理:那些已经成熟的事物(如活塞发动机),如果不能满足发展的要求,纵使已形成系统的科学理论和技术知识,甚至已形成大规模的生产能力,也还是会成为束缚人类前进的桎梏。发展的要求会激发和驱动巨大的探索热情,人们总是能以无畏的创新精神,突破已有的体系,找到新的出路。两人同时做出这种重大技术发明反映了这种历史必然。这两个人是英国人惠特尔(F. Whittle)和德国人欧海因(H. von Ohain)。

1937年4月12日,惠特尔设计的发动机WU试验机首次试车,这次试验被看成是涡轮喷气发动机诞生的标志。英国第一架喷气式飞机由格罗斯特公司的卡特(J. Carter)设计,被命名为E.28/39。1941年5月15日,格罗斯特公司首席试飞员萨伊尔(G. Sayer)驾驶着装有惠特尔研制的涡轮喷气发动机的、英国第一架喷气式飞机E.28/39腾空而起。虽然它的首飞日期比德国的He-178晚一年多,但它却是同盟国中首架上天的喷气式飞机。

　　欧海因设计的这台发动机定名为He-S1,于1939年2月底装配完毕。在台架试验中,它完全达到了预期的效果,虽然它在技术上的成果不大,推力只有2.65kN。1939年8月27日在第二次世界大战爆发前一个星期,由德国著名试飞员瓦西茨(E.Warsitz)驾驶亨克尔He-178进行了首次飞行,从而成为世界上第一架试飞成功的涡轮喷气式飞机。

　　喷气发动机的出现,一方面,使驰骋于航空领域五十余载并建立过无数功绩的活塞式发动机只得退出航空领域中的主战场;另一方面,使飞机的速度、升限、载重量等基本性能扶摇直上,改变了航空事业的面貌。航空史上的一个新时代"航空喷气时代"出现了。

　　喷气发动机的发明解决了推力问题,而高速空气动力学的发展则解决了高亚音速和超音速飞行降低飞行阻力问题,因而突破声障、达到更高的速度就是必然的

科学精神和科学思维是航空科技创新的灵魂

趋势。

1947年10月14日美国的一架用于超音速飞行研究的飞机X-1首次突破声障,飞行马赫数达到1.015。

1953年首飞的美国的洛克希德F-104战斗机的最大马赫数为2.2,1955年首飞的苏联的米格-21最大马赫数为2.05,目前战斗机的最大马赫数为2左右。1963年8月7日,美国3倍超音速的YF-12A战斗机首飞。1964年12月22日,美国3倍音速SR-71A战略侦察机首飞。1970年11月,"协和"客机在试飞中,在平流层的巡航速度达到2300千米/小时,是音速的两倍多,它于1976年正式投入航线使用,2003年退役。现役的客机都是高亚音速的。

三、科学精神和科学思维是创新的灵魂

创新是一个民族的灵魂,但创新的灵魂是什么呢?我以为是科学精神和科学思维。科学精神是基础,是精神追求和精神取向问题,而科学思维则是方法论问题。

我为什么这样强调科学精神?这和我在国外的感受有关。1979年4月,我作为改革开放后第一批被派出国的学者,到英国伦敦大学帝国理工学院航空系做访问学者。在学术方面我学到了一些东西。但使我感受最深的是他们的科学精神。

英国,作为工业革命的发源地,曾是世界最强盛的日不落帝国,现在虽已翻过了19世纪维多利亚鼎盛时期的高峰,风光不再,但它的历史遗存,它创造那段辉煌的内在因素仍是值得探究的。牛顿、培根等所代表的科学精神是什么?我在英国大学和研究机构感受到的是他们的极端务实,追求精确的定量,追求对事物本质穷根问底的探索和内在规律的准确描写与提升,也许正是这种精神使他们至今仍是许多新科学思想的策源地。科学是第一生产力。正是这些科学精神成就了他们过去在科学技术上的辉煌,也使国家一步步走向强盛。

人类历史上(西方)有三个学术发展最惊人的时期:古希腊极盛时期、文艺复兴时期与20世纪以来的时期。而文艺复兴开启了近代科学发展,推动了技术革命,推动了整个人类社会加速发展。

文艺复兴不仅是文学和艺术,它把人类从中世纪思想桎梏中解放出来,它不仅创造了宝贵的科学财富,而且奠定了科学研究方法的基础。而在这所有的财富中,最具深远影响的是贯彻和体现在科学活动中的科学精神。

什么是科学精神?从上面简单叙述的飞机发明和发展过程以及整个科学发展史,我认为科学精神具有以下四个特点。

1. 要有为了伟大目标、伟大梦想永不停息的追求精

科学精神和科学思维是航空科技创新的灵魂

神,有前仆后继的追求精神,没有这样的精神,就没有今天的飞机。而且,追求的目标随着人类社会的发展而不断提高,开始的目标是飞起来,后来是飞得更高、更快、更远,起初是在大气层内飞行,后来则是外层空间航行甚至宇宙航行。正是这种永无止境的追求精神,才使人类得以不断攀登一个又一个高峰。

杰出的科学家们为我们做出了表率。居里夫人有两段很著名的话,她说,我们要把人生变成一个科学的梦,然后再把梦变成现实。她又说,我们必须吃、喝、睡觉,必须玩乐、恋爱,接触生活中最甜蜜的东西,但是不应该受它们的支配,在我们可怜的头脑中占优势的,必须是一个终生全力追求的崇高理想。居里夫人的一生就是为实现伟大梦想永不停息的、探索追求的一生,是科学精神最完美的体现者。人活着总是要有精神的,就是要像居里夫人说的那样,建立一个终生全力追求的崇高理想。这就是科学精神。

2. 科学精神的核心是实事求是。有两个方面的问题,一是怎样认识和处理主观世界与客观世界的关系,这主要是认识问题;另一则主要是学风、学术道德方面的问题。当然,两者是有关系的。对于第一个问题,唯物主义的基本观点,是承认存在客观规律,人类的活动只能限于不断深化对客观规律的认识,并在此基础上应用客观规律于技术和生产领域,以期得到更好的实际效果。所以我们对客观规律的态度只能是承认它、认识它、尊重它、利用它。我们可以改造客观世界,但不能改造客观规律。不能把自己的主观意志强加在客观规律上,用自己的想象改造客观规律,使客观规律变得符合自己的需要。我们不能用自己的想当然代替客观规律。我们可以对客观规律做出这样那样的猜想,而且很多猜想是很有价值的,但是在这些猜想被证明是正确之前,不能认为它就是客观规律。这是我们科技工作者在对待主观与客观所应取的基本态度。

达·芬奇和凯利的伟大之处在于他们的实事求是的精神,他们没有因主观的意志而固执于扑翼机的方案,当认识到只靠人的体能不能像鸟儿那样扑翼飞行时,就转而寻求其他途径,于是才有了今天的固定翼飞机。我不是笼统地说扑翼机不行,而是说单只靠人力的扑翼机不行,对于利用其他动力的扑翼机还是可能的。

前面讲了两个用蒸汽机驱动飞机的例子,他们都失败了。我们敬佩他们勇于探索、勇于实践的精神,但他们对于功率重量比很低的蒸汽机寄予了过高的主观期望,这是令人遗憾的。

在我们的学术界有些不好的现象,窜改数据,夸大成绩,弄虚作假,这些都是违背实事求是原则,违背科学精神的。美国独立宣言的主要起草者杰斐逊总统曾说过这样的话:诚信是智慧之书的第一章。我想,诚信就是要有实事求是的态度,只有用实事求是的态度、以科学精神对待客观规律才是真正的智慧。所以,按照杰斐逊的观点,那些不讲诚信、弄虚作假的人,自以为是聪明,其实是不理智的。

3.科学精神另一个特点是对真理和事物本质理性的、穷根究底的探索,追求对客观规律不断深化、不断提高、不断扩展其普适性的认识,追求实验证实的、对客观规律精确定量的描述。凯利对飞行理论的定量描述为我们提供了一个很好的例子。莱特说:"我们设计飞机时,完全是采用凯利提出的非常精确的计算方法进行计算的。"边界层理论、机翼理论和气体动力学给出的定量关系比凯利的理论又大大前进了一步,它们为飞机设计逐渐减少对实验的依赖、逐渐由必然王国走向自由王国提供了武器。

我们要实现对客观世界规律不断深化、不断提高、不断扩展其普适性的认识,就要有一种为科学献身的精神,不急功近利,不赶时髦,不图虚名,潜心研究,不怕清苦,不怕坐冷板凳,而是要追求高质量、高水平,追求真正的重大突破。完成了庞加莱猜想证明"封顶"工作或"临门一足"的朱熹平和曹怀东教授是一个很好的例子。据说朱熹平在中山大学多年不发表文章,压力也很大,但他就是不怕清苦,不怕坐冷板凳,就是要追求高质量、高水平,最后实现了重大突破,产生了震撼性的影响。

我们追求创新,追求突破,是要真正的创新,真正的突破,不是昙花一现,而是要经受得住时间的考验,经受得住最挑剔的人的检验,这就要真材实料,来不得半点虚假。

4. 科学精神的本质是批判的,不为已有的观念和知识所束缚,因而是创新的。在凯利那个时代,许多人认为,升空飞行无异于白日做梦,并说:"假如上帝要人飞,他创造人的时候就会给人一对翅膀。"凯利没有在这些陈旧观念面前退缩,而是勇敢地突破这些观念,成为现代飞行理论的奠基人。从活塞发动机时代进入喷气发动机时代也是一个好例子。正是敏锐认识到活塞发动机与高速飞行之间存在着深刻的不可逾越障碍,纵使那时活塞发动机的理论和技术已相当成熟,且已形成很大的生产规模,但惠特尔和欧海因为代表的先进科学力量,仍以勇敢创新的精神,冲破旧观念的束缚,发明了喷气发动机,从而宣告一个新时代的来临。

马克思的女儿曾经问他,你最喜欢的座右铭是什么,他说:"怀疑一切。"有人这样评论过马克思:他把人类所创造的所有知识都一一加以分析、考查。我想,这是对怀疑一切的最好注解。对已有的知识不加分析、考查而全盘吸收,人类就不可能进步。哥白尼不怀疑地心说就没有日心说,爱因斯坦不怀疑经典力学就没有相对论。当然,爱因斯坦没有全盘否定经典力学,而是用更具普适性的相对论包容经典力学。

关于科学思维我对大家说说自己的看法。

我很欣赏哈佛大学的一句名言:决定你成败的不在你有多么高深的学识,也不在你有多么丰富的经验,而在你是否有正确的思维。这句话你可以说它有点片面性,但非常深刻。

因为,知识,百科全书可以代替,可是,正确的思维,科学的思维,原创性的新思想却是任何东西都代替不了的。

举几个正确思维的例子。最简单而又有名的一个是孙膑教田忌赛马。田忌的三匹马比别人的略差,但以己之第一赛彼之第二,以己之第二赛彼之第三,结果以2:1获胜。

越王勾践卧薪尝胆的事也是家喻户晓的。这里要说的是辅佐越王打败吴王的主要谋士之一范蠡。打败吴王后,范蠡私自离越到齐,改名经商,发大财,举为齐相,尽散钱财,后又改名移居定陶,再次发财,称陶朱公。三易其业,从零开始,而都终成大业,要研究他的思维,大家可以看看《越王勾践世家》和《货殖列传》。

这些都是正确思维和智慧取得的成功,但不是科学技术的例子。

思维的方式决定着思维的品质。思维品质要优秀,一要保证思维正确,二要思维有原创性。不正确的思维,可能谬误百出,无原创性则不可能优秀。逻辑思维具有严密的系统,保证了思维的正确性。科技活动的思维大量是逻辑思维。我们要培养严密的逻辑思维能力,这是确保工作正确性的基础。

对于逻辑思维能否出原创性的成果,存在不同的看法,一种认为不能;另一种则认为也可以,或称之为以逻辑思维为主的创造性思维。逻辑思维的演绎推理的前提和结论之间虽然存在着蕴涵关系,但演绎外推完全可能进入人类未知的区域。门捷列夫关于钪、镓、锗的预言就是很好的例子。

形象思维(或统称非逻辑思维)自由开放,直觉、灵感、顿悟,保证了思维的原创性。爱因斯坦讲:科学研究中最宝贵的是直觉。又说:想象力比知识更重要,因为知识是有限的,而想象力概括着世界上的一切,推动着进步,并且是知识进化的源泉。严格地讲,想象力是科学研究中的实在因素。逻辑只能分析问题,解决问题,而直觉能发现问题,提出问题。发现与提出是原创性的前提,但思维最后应符合逻辑,否则就会陷入荒谬。而只有基于严密逻辑思维的分析、推论等,才有可能使我们最终达到成功的彼岸。

研究边界层理论的创立可对我们的思维有所裨益。根据普朗特的观点,当黏性小的流体流过固体时,可将流体分为两个区域:一是固体边界附近很薄的区域,称为边界层,黏性起重要作用。另一区域则是边界层外的区域,黏性可以忽略。对实验仔细观察分析后,他发现边界层厚度与物体长度之比很小,根据此事实,对N-S方程各项进行量级分析,去掉量级小的项,从而导出了边界层方程。普朗特的边界层理论既在数学上得到了很大的简化,又得出了与实际符合的结果。值得注意的是,该理论并不是来自严格的数学方程的精确解,而是来自实验观测所提供的信息,来自观察得到的直觉和由此提出的假设。

从边界层理论的创立过程我们可以领会一些重要的思想:一是敏锐地感受到学科发展和生产实际发展提出的科学问题,二是对研究对象的深入观察,三是在此基础上提出合理的假设,并进行合乎逻辑的分析处理,抓主要矛盾的思想在这里是重要的:只在很薄的边界层内黏性是重要的,因而其外的区域可按理想流体处理,而在边界层内,N-S方程的各项也并不同等重要,因而可以去掉小量级的项,保留大量级的项,从而使方程得到很大的简化。

又如茹科夫斯基的升力理论,按照理论流体力学,流体绕机翼流动时,一般情况下后驻点应在机翼后部的某个位置而不在机翼的最后点,即尾缘。茹科夫斯基根据对大量实验的观察发现,在正常情况下,后驻点都在尾缘,因而提出一个著名的假设,与机翼升力对应的环量可按后驻点在尾缘的假设,用理想流体力学的公式做计算。

再进一步谈谈形象思维问题还要强调两点。一是,形象思维、直觉可能带来原创性的思想,并获得最后的成功;但并不总是正确的,也可能带来不正确的思想,而导致失败。导致成功的例子是很多的,例如普朗特的边界层假设,茹科夫斯基后驻点在尾缘的假设。现在没有资料说明喷气发动机的发明是因看见了水母运动而得到启发,但这确实是能启发灵感。直觉未导致成功的例子也很多,扑翼机则是一个。不是直觉错误,也不是仿生学不对,而是人类体能的功率重量比要比鸟类低得多,因而至今单靠人体体能的扑翼机尚未问世。

二是,即使是正确的直觉和灵感,要获得最后的成功还得靠逻辑思维,靠分析,靠严谨的推演,而最终判断是否正确多数情况还得靠实验检验。茹科夫斯基的升力理论,我前面说得很简单,好像只要假设后驻点在尾缘就成了,如果这样简单,茹科夫斯基也就不会成为这样著名的科学家了,如果我的讲话给予你们茹科夫斯基理论很简单的印象,那就是我的失败。更全面应这样讲:后驻点在尾缘的假设是创立茹科夫斯基理论具有决定性意义的一步,但这一理论的最终完成,还要靠复变函数、保角变换等数学分析理论。

又如爱因斯坦的狭义相对论,他首先提出了两种互

科学精神和科学思维是航空科技创新的灵魂

不相容的观念,一是经典力学,一是相对性原理。按照经典力学,绝对速度等于牵连速度加相对速度;在火车上行走的人,他相对于地面的速度等于火车的速度加他相对于火车的速度。按照这样的关系,在地面上看,在火车上发出的光的速度就应等于光速加火车速度,即大于光速。然而按照相对性原理,在两个作相对直线匀速运动的体系中,物理规律是一样的,即火车上发出的光,在地面上看仍应是光速。这里就面临一个抉择,是承认经典力学还是承认相对性原理。爱因斯坦没有被经典力学所束缚,而是选择了后者。应该说这是需要巨大勇气的,因为经典力学不仅已被地球上的大量事实所证实,而且已被当时所能观测到的天体运行所证实,加之经典力学已被学术界普遍接受,而且根深蒂固,所以这是需要巨大勇气的。爱因斯坦选择了相对性原理而未固执于经典力学,为相对论的建立走出了决定性的一步。但仅仅如此还不是相对论,它的最终建立是靠洛伦兹变换。同样,广义相对论的建立则得益于罗巴切夫斯基所建立的非欧几何学。

可见,原创性问题的发现与提出,首先要靠直觉、灵感、顿悟;然而,问题最后解决,还得靠分析和逻辑思维,否则,可能得不出有用的结果,甚至走入谬误。

下面讲一讲我自己经历的一件事:

我们自己改型设计的一种发动机,在试飞时发生了发动机空中熄火、空中停车等故障,这是绝对不允许的,而压气机稳定工作范围偏小则是一个重要原因。

处理机匣是一种扩大压气机稳定工作范围的装置。该发动机上原本就装有苏联的处理机匣。我反复思考出现故障的原因,分析苏联传统处理机匣里的气流流动情况,发现这种处理机匣虽有扩大压气机稳定工作范围的作用,但却也有恶化端区流动、降低稳定工作范围的弊端。一开始我不敢相信这种看法,因为处理机匣在苏联用得较多,他们是处理机匣技术最先进的国家之一。苏联的这种处理机匣一直被奉为经典,号称无失速喘振处理机匣。在这样的光环下,从没有人认真研究过它的真实工作能力,决不会怀疑它竟有不利的弊端,更不用说去创造一种新东西代替它。我发现它的弊端后,构思了一种新的工作原理和结构。经反复思考后,我确信我的想法是对的。为了更有把握,我又多次到车间现场,实地考察,对照实物,思考气流的流动,经过一再反复推敲和检验自己的想法后,我更进一步确信了自己的看法。这时,我已意识到这不仅可以解决问题,而且是国内外都还没有过的新东西,有它特有的灵巧。后来的试验完全证实了我的看法。

从发现苏联处理机匣的问题到构思出新的原理和结构,其实只在一夜之间。"众里寻他千百度,蓦然回首,那人却在灯火阑珊处",这确实是当时心情的最好写

科学精神和科学思维是航空科技创新的灵魂

照。这大概就是顿悟吧。

为了研制这种处理机匣，并将它用于某发动机上，我详细推导并建立了相应的偏微分方程组，给出了物理模型，由此得出了合理的结构几何参数。经过各种地面试验322小时，高空台试验16小时，试飞47个起落，34小时17分，这些试验表明：采用了此新型处理机匣的发动机，无论是高空台试验还是空中试飞，从未再发生过放炮、喘振或空中停车等现象，表明已有效地消除了故障。

配装此发动机的飞机连续参加了两届珠海国际航展飞行表演，当时发动机还未定型，对于还未定型的发动机就敢用于参加如此大型国际飞行表演，表明了对此项技术的高度信任。直到现在，该发动机仍是我国研制并已装备部队的最多的歼击机发动机，并已用于几种飞机。

我的体会是，直觉、顿悟、灵感来自对研究对象的仔细观察，来自对其物理机制的深刻理解，来自缜密的思考，而在思考时，要有一种精神，不怕天，不怕地，不要迷信已有的光环和盛名，而是要只求实，即只追求真实的实际情况，实际情况是怎样就是怎样。虽然我已感觉到我的想法是正确的，但最终建立起这套新东西，还是通过建立偏微分方程组，求解，实验检验。

我再谈谈当选院士后的一些工作，主要是我们从事航空发动机大小叶片压气机研制工作的体会。

发动机被喻为飞机的心脏。是高温、高压、高转速而又要求重量轻、寿命长、可靠性高的高科技产品,是一个国家科技工业水平和综合国力的重要指标。美国国防部在《2020联合设想》发展战略报告中,把雷达、喷气发动机、核武器、夜视装备、灵巧武器、隐身、全球定位系统和能力更强大的信息管理系统并列为构成美国军事战略基础的9项核心技术,且将喷气发动机排在第2位。由于其重要性,其关键技术对我国严加封锁。所以,核心技术是买不来的,只能走自主创新之路。

压气机是发动机研制中最难突破的一个关键部件,航空技术先进国家是这样,我国更是这样。大小叶片是轴流压气机的一种先进气动布局,美国在1988年提出的"综合高性能涡轮发动机技术"计划中,将其列为必须突破的一项关键技术,以支持美国研制下一代推重比12~15的航空发动机。

我们的团队自20世纪90年代就开始了这方面的研究。首先从基础理论入手,研究它的机理,它真正的优势所在;研究美国人在20世纪70年代失败的原因;研究它的关键技术和技术难点;研究在绝对不可能从国外得到有用资料的情况下,怎样靠自己的力量走出这条路。我们开展这项工作的困难在于完全没有可以借鉴的设计方法和实验、经验数据。对于这样的情况,传统的做法是通过建立试验设备,经过多试件试验,获取大量试验数据,达到优化工程设计的目的。而我们面临的情况是,可用的发展周期和可能得到的经费支持不允许走这条老路。于是我们决定尝试走另一条路,即充分利用现代科学技术最新成就,利用计算流体力学所取得的成果,对大小叶片三维流场进行数值模拟和数值实验,以达到优化流场的目的,并在此基础上进行试验件设计,最后通过试验进行验证。后来大小叶片技术达到了一次设计试验成功,表明这条技术途径是可行的,是正确的,可以节省资金,缩短研制周期。

我们于1997年正式向有关部门提出了这项课题,并立即得到大力支持,认为"方向找得好","是先进的前沿技术","搞发动机就应找这样的突破点",于是很快建立了项目,开始了以全三维流场数值模拟为主的气动方案研究工作。经过两年多的努力,发展、完成了多级大小叶片三维流场数值模拟程序,基本摸清了大小叶片方案的能力、关键技术问题和解决这些问题的措施,并探索了用于推重比12~15发动机的前掠大小叶片风扇、高负荷高压压气机的设计方案。这一段的工作为后来的成功打下了基础。

随后,我们进行了相关的应用研究。2002年1月所研制的大小叶片轴流压气机部件试验达标,年底通过了该机整机串装实验验证。

2002年我们研制成功的我国首型大小叶片轴流压气机与法国原型机试验特性的对比结果是,在保持发动机转速不变的条件下,表征压气机水平的性能参数都有不同程度的大幅度提高,例如,效率提高了3%~4%,压气机压比提高了22%,流量提高了11%,稳定工作边界向左上方大幅度扩展。这样大幅度的提高,在压气机发展历程中是少有的,这不仅证实了大小叶片布局的技术优势,也表明自主创新大有可为。

2002年12月完成的大小叶片轴流压气机串装到发动机上的整机试验表明,发动机功率提高20%,耗油率下降3.9%,发动机运行平稳、正常。

世界某著名发动机公司得知我们的某些情况后,包括公司副总裁在内的高层领导曾4次主动与我们联系,希望与我们合作,条件由我们提。考虑到这完全是我国自己研究的成果,且有相当的先进性,所以应首先用于国内,于是我们婉言拒绝了他们的邀请。

2002年,我们的团队又在世界范围内率先开展多级大小叶片压气机的研究,这也是国际上首次将大小叶片技术用于高压压气机的研制。我们的目标是研制出用更少的级数达到同样性能指标的高压压气机,可以缩短压气机长度,减少零件数,减轻重量,从而有效提高发动机的推重比,改善性能。该机的气动负荷是国内最高的,处于国际先进水平,该技术为我国新一代发动机的研制提供了技术支持。

2004年我们的研究团队被教育部批准为首届"长江学者与创新团队发展计划"优秀创新团队,我和他们一起还在开展新的基础理论与关键技术的研究。在我的工作与生活中,我和我们团队成员的主要体会是:既要有勇于探索、追求更高目标的思想境界,也要用科学的态度对待每一个科学技术环节。具体体会是:

一是,要立足于国家和科技发展的需要,看准方向,提出有引领作用的重大创新目标。方向要准,目标要高,台阶要大,要在科学和技术上有重大意义,当然应是经过努力才可以实现的。这种重大创新项目,自然不会是短、平、快,而是一段时期相对稳定的凝聚大家共同奋斗的目标。我国在建设创新型国家,提出在发展理念上要从跟踪发展向自主创新转变,要实现这种转变,看准方向是一个关键。我们团队是将大小叶片技术作为突破口,看准了它具有明显的技术优势和潜力。大小叶片技术,作为美国研制下一代航空发动机的一项关键技术,对外严加封锁。而我们通过自己的独立研究,基本突破了关键障碍,使我国成为国际上第二个掌握该项技术的国家。经过这十多年的努力,我们在相关工作领域从基本一无所知,到现在已初步形成了自己的理论,积累了经验,初步建立了具有自主知识产权的大小叶片设计体系,这是一个探索的客观规律过程、知识创新的过程。

二是实行"一竿子插到底"的工作原则。我们从基础理论研究入手,通过软件研发、试验研究、验证,最后落实到在发动机型号上的工程应用,落实到发动机性能的提高。我们要求自己的每一项科研工作都要走完这一整个过程,并把这简称为"一竿子插到底"的原则,这既有利于基础研究的深入和联系实际,也有利于尽快把理论成果转化为提高军队装备的技术水平。

三是充分利用现代科技成果,在研究和发展的技术路线和模式上创新。我们没有依照先建实验设备、依靠大量实验数据进行设计的传统研制模式,而是充分利用数值技术成果,以数值模拟和优化为基础,进行设计研制。这样做,投资小,周期短,风险低。当然,我不是宣扬不要实验,而是要逐渐减少、甚至摆脱对大量实验的依赖,由必然王国,逐渐进入自由王国。而实验研究主要是用于验证,用于探索和发现新的自然现象。

四是科技工作者要始终保持扎实苦干、潜心钻研的奋斗精神。从1981年回国到现在,我先后负责过7个较大的项目,它们都要经过试验考验甚至飞机试飞考验,其中有几项的难度和风险都很大。有位美国专家看过我们的一项研究,大吃一惊,说性能指标非常先进,这是美国正在做的研究。这些项目中有6项都得到了很好的试验结果,而且几乎都是一次成功。有人说我是福将,

科学精神和科学思维是航空科技创新的灵魂

我认为更深层次来说主要得益于：勤奋，多思，正确的思维和诚实的劳动。

1999年当选为院士以后，有人说我功成名就。我也想过，要不要继续留在第一线搞科研？我还有没有这样的身体和心理的承受能力？因为搞科研就有风险，而且往往是台阶越大风险越大，我还能不能承受挫折和失败？然而，我想得更多的是，经过党和人民几十年的培养，我在理论、实践、经验等多方面都已有很好的基础，也有了非常好的科研和团队条件，特别是看见其他院士，其他老教师，他们依然兢兢业业，为航空事业拼搏，我应当向他们学习。而我国航空发动机相对落后的局面对我更是巨大的驱动力。所以我决心还是要在第一线，踏上新的征程。我依然早出晚归，有时操纵着几台计算机在实验室里进行研究和运算，有人开玩笑说我像纱厂里的挡车工，穿梭于几台机器之间，忙了这台忙那台。我并不是机器的奴隶，我正是从这些大量计算数据中攫取关键信息，探究真实的机理，寻求优化的流场。不仅我是这样，我们团队的其他人员也是这样。正是这样的精神，使我们的团队能够取得一个又一个成果。

我讲这些科学精神和科学思维的问题，实际在我思想上一直萦绕着一个问题：中国怎样？1949年以来，特别是改革开放以来，我国的航空业有了很大的发展，但与航空先进国家相比，仍有不小差距。在航空航天领域中国古代有许多重要的原始发明,例如:秦汉(公元前200年)就有风筝,这是机翼的原型;三国、五代(公元200—900年)的孔明灯或七娘灯是利用浮力的轻于空气的飞行器概念;东晋(公元400年)有了竹蜻蜓,这是直升机旋翼的雏形;宋代(公元1000年左右)有民间玩具走马灯,这就是喷气和涡轮技术的概念;唐朝(公元618—907年)有了火药的萌芽,北宋时(公元960—1127年),有了多种利用火药的武器;到南宋时(公元1127—1279年),才有了原始火箭及神火飞鸦等。以上这些都是具有重要的科学思想和概念的例子,但可惜的是它们多数都只停留在节庆欢娱和民间玩具的阶段,而未能发展成现代的高科技装备,原因何在?原因可能很复杂,至今也未完全弄清楚。五四时期喊出"科学和民主"的口号,虽然这是对旧中国问题的一个全面思考,可能也包括了对这个问题的部分回答,其中所提出的"科学",我认为不应理解为仅限于研究客观世界这一面,也应包含科学精神等主观世界的这一面。

总之,我认为科学精神是创新的思想基础,是创新的策动力,是创新的根源,而科学思维则是创新的思想武器。如果说,创新是胎儿,科学精神和科学思维则是孕育胎儿的母亲。所以我认为,我们提倡创新,鼓励创新,但不要刻意地为创新而创新,我们应该刻意追求的是创新背后的东西,是那些能够孕育出创新成果的科学

科学精神和科学思维是航空科技创新的灵魂

精神和科学思维。我讲这些的目的是希望大家能继承中国优秀的文化传统,在学习和科技工作实践中培养科学精神,用科学精神严格要求自己,勤于思考,勇于探索,锻炼自己的科学思维能力,做出无愧于时代的创新性成果,为我国建设成创新型国家做出自己的贡献。

浩瀚太空中,"和平号"空间站和月亮两两相对

载人航天与空间科学

顾逸东

一、我国载人航天发展规划
二、空间科学及其发展趋势
三、空间科学的重要战略意义
四、载人航天工程前期的空间科学任务
五、载人空间站空间科学任务规则

【作者简介】顾逸东,载人航天空间科学与应用专家和浮空飞行器专家,中国科学院空间科学与应用总体部研究员。1946年9月生于江苏淮安。1970年毕业于清华大学工程物理系。历任中国科学院空间中心副主任、主任,中国科学院光电研究院副院长、院长,1994—2009年任载人航天工程应用系统总设计师(其中1999—2007年兼任总指挥)。现为中国科学院空间科学与应用总体部高级顾问、研究员,中国载人航天工程技术顾问,中国空间科学学会理事长。2005年当选为中国科学院院士。

长期从事空间科学与应用的总体和专业技术工作。早期领导建立了我国高空科学气球系统，解决了气球设计和研制中的关键技术问题，推动了我国高空气球科学探测的发展。在载人航天应用系统工作中，主持并领导了"神舟一号"到"神舟七号"以及"天宫一号"空间科学与应用的各项任务和有效载荷研制，领导建成了适应多任务的空间应用技术体系，提出了工程技术与科学研究有机结合的思路，主持制定了有效载荷研制技术流程和规范，通过地面和搭载实验、航空校飞、系统联试、全程演练等有效途径，保证了各项科学和应用有效载荷测试验证的完备性，保证了方案合理性、系统可靠性和任务成功。参与并主持了我国载人航天工程空间实验室和空间站的空间科学与应用任务规划和方案制定工作。

载人航天与空间科学

　　我于1992年参加了国家决定开展载人航天工程之前的技术经济可行性论证工作,从那个时候开始到现在已经有20年的时间了,1994年以后我担任了载人航天工程应用系统的总设计师,参加了"神舟一号"到"神舟七号"以及"天宫一号"空间科学和应用任务全部的研制、试验和飞行的任务,同时一直做发展战略和任务规划的工作,对载人航天工作的下一步发展和相关空间科学应用的问题有一些思考,所以我想与大家交流一下。

一、我国载人航天发展规划

　　大家都知道,1992年中央决定发展载人航天,这是一个非常慎重的决策。据了解,当时中央政治局常委每一个人或写了具体的意见,或签了字,以示对历史负责。在当时规划了"三步走"这样的一个发展战略,就是以载人飞船起步,然后搞一个小型的空间实验室,解决关键技术问题,最后建设我们国家自主的空间站大系统。从1999年9月"神舟一号"无人飞船开始,到2003年10月"神舟五号"和2005年"神舟六号"的多人多天飞行,标志着我国载人航天第一个阶段的工程任务已经圆满完成了。目前正在开展空间实验室阶段任务。这个阶段的目标是:突破交会对接和航天员出舱活动关键技术,发射运行小型的空间实验室,开展有一定规模的短期有人照料的空间科学和应用任务。

到现在为止,"神舟七号"实际上已经完成了航天员出舱技术突破,载人航天第二步的任务已经全面展开了,第三步是搞空间站。那么展望一下,从现在开始到下一阶段的任务,2011年发射我们国家第一个实验性的空间实验室"天宫一号",到2015年发射2~3个空间实验室,有多艘飞船和它们对接,同时研制货运飞船,在2020年,根据国家中长期发展规划的重大科技专项计划,将发射空间站的核心舱和科学实验舱,建成我们国家三舱组合式的空间站,开展长期的运行和科学技术实验。

整个空间站大系统,由航天员系统、空间应用系统、载人和货运飞船系统、空间站系统(空间站系统现在还没有建立,已经规划了)、几种运载火箭、酒泉和海南发射场、测控通信系统、着陆场系统等组成,我本人在前一段时间长期负责空间应用系统的工作。

关于空间站,我们国家的规划是多舱段的,能够长期运行的,有人长期驻留的,这是一种近地空间的载人飞行器。它将开展大量的空间科学、空间应用和空间技术实验。载人航天的意义我不多讲,但是我们经历过这项工作的人有一个切身的体会。在90年代初期,当时我们国家虽然已经成功发射人造卫星,但是应该说航天科技的水平还是比较低的。载人航天这样一个重大工程,对提升我们国家整个航天工程技术的能力、推动我们国家空间科学和应用技术的发展,占领空间这样一个具有战略性意义的制高点,以及建设创新国家,无疑具有非常重大的意义,同时拉动了相关高技术产业的发展和人才队伍的建设,特别是培养了一支比较年轻的、有相当经验的、能够打硬仗的队伍。目前系统各个方面的骨干基本上都是40岁左右,有很多三十几岁的年轻人已经走到了重要岗位。它还显示了很重要的政治意义,对配合我们国家达到中等发达国家的目标,确立大国地位,凝聚和增强民族的凝聚力,起了很重要的作用。

从另外一个角度看,载人空间站是开展多学科、较大规模的空间科学研究的重要平台,是推动我国空间科学发展的重要历史机遇。它的能力和卫星有类似的地方,也有很多不同的地方。空间站有比较大的装载空间和应用载荷的能力,它有密封舱也有暴露平台,可以开展不同类型的空间科学和应用任务。航天员可以参与科学实验操作以及设备的建造、维护、更换、扩展等,使空间站在空间科学应用系统建立、系统扩展方面的能力与无人的空间系统相比有了本质的提高。另外,它有大系统的支持,每年都有运输飞船和货运飞船上去补给。所以,应该说空间站为近地空间航天技术发展和空间科学研究创造了一个非常好的条件。

二、空间科学及其发展趋势

为了说明空间站以及我们国家发展载人航天的意义,我还将涉及更宽的范围,所以以下简单介绍一下空间科学及其发展态势。

参照国际空间研究委员会(COSPAR)的学术活动基本的分类(COSPAR是国际上主要的空间科学研究活动的学术组织),空间科学可以分成以下六大主要领域:空间物理学(其中包括太阳物理,因为太阳是控制近地空间或者地球环境的一个非常重要的源头)、空间天文学、月球和行星科学(也可称为太阳系科学)、空间地球科学、空间生命科学、微重力科学(其中包括微重力流体物理和燃烧、空间材料科学,包括基础物理的实验研究)(图1)。

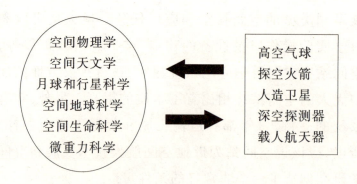

▲图1 空间科学领域

载人航天与空间科学

我想把人类的空间活动,包括空间科学、空间应用、空间技术这几个概念稍微介绍一下。大家都知道,1957年苏联第一颗人造卫星上天,人类进入了空间时代,随后开展了大量的激动人心的空间活动,成为我们所处时代的显著特征。短短的半个多世纪,空间科技和人类的空间活动深刻改变了社会的面貌,也深刻地改变了人类的宇宙观、自然观,我这里所说的宇宙观是一个比较单纯的,对物质世界或者整个宇宙和自然界的认识。

空间技术,包括运载火箭、卫星、载人航天器、各种空间飞行器以及支持空间任务的地面技术系统(发射场、测控通信系统等),它们组成了完整的空间技术体系。显然,空间技术是进行空间科学活动,以及开展空间应用的基础和保障。同时人类永无止境的科学探索欲望和空间应用的需求也是空间技术发展的强大推动力。

在空间应用方面,大家比较了解的通信、广播、导航、气象、资源、海洋、环境、测绘等应用卫星,已经成为人类社会生活和经济发展不可或缺的基础设施。现代气象预报特别是灾害性天气的预报离不开卫星,对地观测卫星已经被广泛用于可再生资源和不可再生资源勘察、农作物估产和精细农业领域,获得极大的经济效益和社会效益,等等。在军事应用方面,侦察、预警、导航、通信、指挥等专用的军用卫星组成空间军事系统,深刻地改变了军事斗争的方法和战争形态。这中间当然也有信息技术的快速发展。目前,从战略决策一直到战役战场的指挥和作战形式,空间系统都是不可缺少的。比如说大家都很熟悉的GPS,它在军事应用方面成为所有载体确定自身精确位置以及武器装备(包括导弹等制导武器)精确打击的主要手段,精确打击中制导导航有所谓的地形匹配技术,但是非常重要的是空间卫星导航,精确打击改变了战争方法,等等。导航技术在民用当中应用也极其广泛,如应用在飞机的导航和盲降、车辆运输的调度、船舶的导航运营等,现在连手机都有了卫星定位功能,还有测绘、高精度时间确定等,都离不开导航卫星。所以,在空间科技发展过程中,在空间应用向经济、社会、军事渗透的背景下,人类是离不开整个空间应用基础设施的,这是一个革命性的变化。

现在主要来谈空间科学,应该说我们对空间科学重视得还很不够,宣传得也不够。空间科学是利用空间飞行器进行的科学研究活动,或者说,空间科学是利用空间飞行器开展的科学研究各领域的一个总称,当然它的内涵在不断扩展。空间科学需要各种类型的飞行器,主要是利用空间飞行器,也利用高空科学气球、探空火箭和地面的台站开展研究。空间科学涉及非常多的前沿科学领域,包括一些最基本的科学前沿问题,像物质结构、宇宙起源演化、生命的起源、人类生存环境等最基本的和重大的科学问题。这50多年来,人类从空间科学当中获取的知识超过了以往很多年的总和,它是人类获取新的知识的重要源泉,是人类认识自然的重要途径。空间科学是空间应用的先导和基础,涉及大量应用方面的基础性的科学问题。空间科学也是推进空间技术发展的强大动力。

下面简单介绍一下空间科学的主要领域。

1. 空间物理学

空间物理学主要研究日—地空间的物理现象和物理规律,并延伸到整个行星际空间的物理过程。经过几十年的发展,现存日—地空间物理图像已经基本清楚了,太阳从内核到辐射区、对流层、光球层,到外面的日冕层。日冕是一个5000摄氏度左右的炙热的辐射体,太阳内层的温度可以达到2000万摄氏度,氢的同位素在进行着剧烈的核聚变反应。太阳的产生、发展、维持、消亡等过程就是宇宙中典型恒星的变化历程。太阳不仅有可见光的辐射,在整个电磁波谱都有辐射,从无线电波到伽马射线都有。同时,它还有源源不断的等离子体流,叫做太阳风,吹向四面八方,也吹向地球。地球是一个偶极子磁场,这个磁场在太阳风带电粒子流所携带的磁场的作用下被压扁,形成一个变形的磁场结构。在地球磁场当中俘获了很多带电粒子,这些粒子的能量,在磁场受到扰动的情况下产生磁暴,会影响到地球近地空间。地球大气圈层的组成,从下到上分别是对流层、平流层,再上面是中间层、热层和散逸层。中间层和热层的稀薄大气被电离成为等离子体状态,还有范围很大的地球磁层。地球外层的结构图像、日—地空间的基本物理图像就是这样,已经基本清楚(图2)。

大家经常听到空间环境科学、空间天气学的说法,它们以空间物理为基础,针对人类进入空间进行空间活动时所遇到的复杂环境问题进行研究,它们更关注人进入空间、飞行器进入空间后,空间环境对航天员和空间飞行器造成的影响,包括地球内外辐射带的辐射,太阳耀斑爆发、太阳质子事件等剧烈的太阳活动所造成的辐射增强,以及磁暴对飞行器的影响等。应该说,我们对太阳的11年活动周期、太阳耀斑和日冕物质抛射、磁层的活动、磁层和电离层之间的关联等问题逐渐了解,这

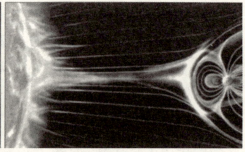

▲图2 日—地空间物理图像

些知识的获得绝大部分是靠空间科学探测研究。对空间环境的认识是人类进入空间活动的基础。

空间物理学还扩展到整个行星际空间。开展深空探测必须要了解行星际的环境,现在实际上还有很多科学问题需要研究,特别是从太阳活动连接到近地空间这个过程,这个过程当中有很多物理机制和物理过程还不十分清楚,有大量的问题需要去研究。值得一提的是,随着全球环境问题研究的深入,有些科学家开始把空间物理问题和地球环境问题联系起来,这些问题需要多学科共同研究解决。

2. 空间天文学

我觉得空间天文学是50多年来获得极大成功的一个空间科学领域。大家可以看图3,这是一个全电磁波段穿过地球大气层的示意图,从频率比较低的长波无线电,一直到γ射线,都是电磁辐射。波长不一样,量子能量也不一样。大家可以看到,无线电辐射大部分可以到地球表面,但是也有一些波段不能到达地球,红外的很多波段到不了地球。可见光(蓝、绿、黄)基本上可以透过地球大气。到了紫外,大部分透不过。到了X射线、γ射线,基本上都被地球挡住了。所以过去几百年或者更古老的天文学,从地球上看天,只看到整个电磁波谱当中的一小部分。即使是可见光观测窗口,由于地球大

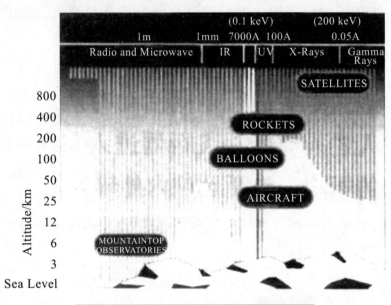

▲ 图3 电磁波谱在地球大气中的传播图

气流动和不均匀性，也影响观测精度。而人类一旦进入外层空间，突破了地球大气屏障以后，就开辟了全波段的天文观测时代，从射电、红外和亚毫米波、可见光、紫外、X射线、γ射线到带电粒子都可以不受干扰地观测，带电粒子实际上波长更短，相关的天文研究领域被称为粒子天体物理，此外还有中微子天文、引力波天文等。

20世纪60年代以来，各国已经发射了上百颗天文卫星。美国有代表性的空间天文台是哈勃望远镜（可见/近红外）、钱德拉望远镜（软X射线）（图4），还有爱因斯坦天文台（γ射线）、斯皮策望远镜（红外），都是十几吨

(a) 哈勃太空望远镜(可见/近红外)

(b) 钱德拉太空望远镜(软X射线)

▲图4　哈勃望远镜和钱德拉望远镜

重的大型轨道天文台,有人称之为"四大天王"。还有欧洲空间局、俄罗斯、日本等都发射了天文卫星。上百个不同波段的不同研究目标的天文卫星上天观测,取得了非常大的成果。大家都知道,20世纪有天文界都承认的四大天文成就(脉冲星的发现、星际分子的发现、微波背景辐射的确认、类星体的发现),空间天文在其中起了非常大的作用。已经证实脉冲星实际上是高速旋转的中子星,是在恒星晚期塌缩以后,强大的引力把电子挤到质子中去后形成的由中子构成的致密天体。类星体是大质量的黑洞对周围的大量空间物质进行吸积产生的一种特殊的天体过程，另外，宇宙γ射线暴，是发生在几十毫秒、几秒、几十秒中巨大的能量爆发，它所发出的能量比太阳的辐射能量高出10个左右的数量级，这种不可思议的巨大能量，成为巨大的谜团。人们对这个现象产生的机制也已经有了一定认识，认为是在大质量的恒星塌缩过程中形成的超高能量的γ射线的释放现象，当然研究还在继续。

　　宇宙大爆炸理论最早是在20世纪50年代提出来的，因为早期的观测发现，绝大多数星体都在向远处退离，星系远离的速度同它们与地球之间的距离恰好成正比，这个退行速度是利用所谓"红移"测量得到的，红移就是大家熟知的利用多普勒效应研究星体远离我们观测者的速度。于是科学家设想：由于星体向周围移动膨胀，所以它一定是有一个起始点的，因此出现了宇宙大爆炸理论。空间天文的重大成就，特别是宇宙背景探测者（COBE）、哈勃太空望远镜（HST）和威尔金森微波各向异性探测器（WMAP）等收集到的大量数据，使宇宙大爆炸理论又有了新的大突破。COBE在1990年取得的测量结果与大爆炸理论对微波背景辐射的预言相符合，即宇宙爆炸有一个绝热膨胀的"残留"背景，按照137亿年的宇宙年龄来计算，目前观测到的宇宙背景非常好地符合 2.76K 这样一个黑体辐射的背景,有力地支持了宇宙大爆炸学说中复合时代等离子体状态转化为中性原子气体成为背景辐射的模型。2003 年的 WMAP 获得了某些宇宙学参数精确测量结果,符合宇宙暴涨理论。现在宇宙大爆炸理论已经被大量的观测事实所确认,或者说绝大部分科学家相信宇宙大爆炸理论。它成为精细宇宙学,其发展对整个宇宙和天体物理研究起了非常重要的作用,空间天文观测在其中也起了重大作用。

另外,宇宙天体当中具有最高密度、最强压力、最强磁场、最强引力等这样一些极端环境,所以空间天文学也成为研究极端条件下粒子物理或物质结构研究的前沿。有一些搞高能物理的学者,像丁肇中,转向天体物理中去寻求物质科学或者是基本粒子物理的新的突破。所以,空间天文学也成为微观和宇观研究的一个交汇点。图 5 是哈勃望远镜看到的两个螺旋星系的碰撞,过去大家很难想象星系的碰撞。

两个螺旋星系的碰撞　　蚂蚁星云

▲图 5　星系碰撞

现在国际科学界非常关注的重大的前沿性科学问题，是暗物质是否存在的问题。其来由是观测到的现象。按照万有引力定律，旋涡星系中靠近中心的星体运动快，而外部比较慢，但是目前发现的星系旋转，边缘上的天体的旋转速度并不降低，所以应该有看不见但具有引力的大量"暗物质"造成这个结果，另外引力透镜（引力透镜是爱因斯坦相对论的一种效应）现象和其他观测事实也预示宇宙当中存在大量的暗物质。暗能量的推论源于通过红移测量发现的宇宙加速膨胀现象，科学家推论这是由于存在暗能量（有些研究认为暗能量是所谓负引力）造成的。目前推论宇宙当中的可见物质，如我们看得见的星体、星际的分子等，加起来只占宇宙总物质量的4%，大量的是暗能量和暗物质，其中暗物质可能占到23%，目前科学界比较普遍地相信这个推论，当然还有一些科学家认为引力理论和相对论当中可能有大的问题。什么是暗物质、什么是暗能量，成为笼罩在物理学天空中的两朵乌云，因为现有的物理理论解释不通，美国国家研究委员会将其确定为21世纪研究的重点问题（图6），美国有一个"超越爱因斯坦计划"，探求宇宙大爆炸、黑洞附近到底发生了什么、暗能量本质等这样一些问题。刚才讲到的是在空间天文学以及整个天文学引发的一些重大科学问题。这些问题的研究和突破，

载人航天与空间科学

2002年美国国家研究委员会确定的研究前沿：
《联结夸克和宇宙：新世纪11个科学问题》

The Eleven Questions Identified by the *Connecting Quarks with the Cosmos* Report

1. What is Dark Matter?
2. What is the Nature of Dark Energy?
3. How Did the Universe Begin?
4. Did Einstein Have the Last Word on Gravity?
5. What are the Masses of the Neutrinos and How Have They Shaped the Evolution of the Universe?
6. How do Cosmic Accelerators Work and What are They Accelerating?
7. Are Protons Unstable?
8. What Are the New States of Matter at Exceedingly High Density and Temperature?
9. Are There Additional Space-time Dimensions?
10. How Were the Elements from Iron to Uranium Made?
11. Is a New Theory of Light and Matter Needed at the Highest Energies?

为什么是暗物质被列为首要的科学问题

▲ 图6 暗物质问题被列为21世纪重点研究问题

是否会引起新的科学突破甚至科学革命？我们可以期待。

3. 空间地球科学

地球科学大家都了解，而空间地球科学强调以空间对地观测为主要手段，研究地球作为一个行星的整体行为，包括地球的岩石圈、水圈、大气圈、生物圈、冰冻圈，其中各种各样的物质循环，如水、碳、磷，目前重点关注的是全球气候的长期变化，即地球变暖问题，涉及人类生存和长期发展。实际上，国外对地球的关注和利用空间手段来进行地球的研究，已经持续了很长的时间，特别是欧洲空间局,还有美国的"EOS计划"等,日本也发射了轨道对地观测台等。卫星观测对全球环境及变化进行的定量监测起了非常重要的作用,当然要结合其他的大量地球科学工作,以及古气候、古生物等研究,来研究地球长期历史演变过程中的整体变化和一些突变过程,研究变化趋势和变化原因,以便对将来进行预测。

最近国际上有一个非常重要的事情,就是气候变暖问题,它不仅是一个科学问题,而且是一个全球性的政治问题和外交问题,即所谓环境外交。2009年12月哥本哈根会议召开政府间首脑会议时,有很多国家呼吁达成减排指标,这涉及发展中国家的利益,也涉及全人类长期发展。对于这个问题,我觉得有两个层面:一个是确实目前的地球环境问题值得严重关注;另一个是对于地球这样一个复杂大系统,实际上研究得还是不透。也有一些科学家不认为现在的全球变暖完全是由人类活动或者主要是由人类活动造成的,因为在历史上确实有过冰期,也有过暖期,也包括小行星碰撞地球和火山喷发等造成的灾害所形成的气候变化,有大量的不确定因素,对这样一些问题必须进行研究。同时,空间地球科学也能够对目前我们地球的生态环境、大气污染、大气环境、海洋环境以及资源、能源问题等进行研究,这些是影响到我们国家和全球可持续发展的重大问题,是非常重要的学科研究内容。

4. 月球和行星科学

月球和行星科学是空间科学的一个重要领域,也被称为太阳系科学。也有人称其为深空探测,深空探测是指其探测手段方法,我认为还是应该突出其科学内涵。自人类进入空间时代以来,人类的触角已经遍布太阳系,以太阳、近太阳极区、月球、太阳系各行星及卫星、小行星、彗星等为目标,进行了上百次飞行探测,为研究太阳系这个宇宙中典型的,也是我们人类所处的恒星系统的形成演化提供了丰富的资料,有了全新的认识。人类从20世纪60年代就已经开始了对月球和行星的探测,对月球的形成、月球地质地貌、太阳系各行星的形貌和化学物理组成进行了广泛研究,有上百个探测器,从60年代一直持续到现在,并不是现在才热起来的。对所有的太阳系行星和太阳系行星当中的主要卫星都已经探测过了,大部分是环绕探测的,有少数的是着陆探测的。目前的科学目标较多地集中在月球和火星等星球上有没有可利用的水,以及有没有生命(低等生命)等。我国已开展了有系统的月球探测研究,不久也会开展太阳系行星的探测。

5. 空间生命科学

生命是最复杂、最奇特的物质存在形式。空间生命科学的研究有几个主要方向,一是生命起源问题,地球生命起源研究中有一个学说是外源说,即地球生命最初形式与来自宇宙的生命物质或形成生命物质的大分子相关。另外,究竟地外有没有生命也是非常重大的科学问题,目前也确实探索到了陨石当中的氨基酸,探索到了地外的包括太阳系外其他行星当中有类似于地球的环境条件,甚至有水的存在,这些可能存在生命的条件和迹象会对今后的探索起到推动作用。同时空间生命科学还涉及基础生物学,包括重力生物学、辐射生物学等。人或者地球生物是长期在地球重力环境下发生、发展、发育、演化、进化起来的,地球大气还有效地屏蔽了宇宙辐射的危害。那么,人和地球生物在空间微重力的情况下会有怎样的反应?感知微重力的机理是什么?宇宙辐射对人和地球生物各层次的影响是什么?将会产生什么样短期和长期的效应?地球生物能不能在空间环境条件下长期生存?这涉及今后人类在太空长期生存和活动的问题,同时这些研究反过来对生命现象的本质也会有进一步的阐释。此外,还有空间生物技术、航天医学等方面的研究。

6. 微重力科学

微重力科学是研究在近乎失重的微重力条件下流体(融体)、燃烧等的物理、化学基本现象和基本规律。首先讲一讲空间飞行器的微重力是怎么产生的。通俗地讲，近地空间的飞行器，到了第一宇宙速度以后，产生的离心力和地球的引力场的重力抵消掉，这就在空间飞行器中形成了所谓的微重力。微重力在地面上很难模拟，一个高100米的落塔，物体自由坠落，只有3秒多的失重（微重力）时间，重力场在地球上无所不在，但是在空间飞行器上是长期的。不是完全失重，不是零重力，而是微重力这样的一个环境。在这样的情况下，对微重力情况下的物理、化学现象和基本物理规律进行研究，也是开展空间科学研究很重要的一个条件。在微重力下，流体中的对流、分层、沉降等现象基本消失了，而界面现象，即由分子表面张力主导的现象，包括表面张力驱动的流动等次级效应突显出来，这对研究在地面上被重力掩盖的物理规律十分有利。燃烧也是同样的情况。

空间材料科学实际上也是在微重力情况下研究有没有可能制备出高质量的、少缺陷的、更好的功能材料和应用材料。在基础物理方面，包括引力物理研究、相对论作为基本假设的等效性原理的检验、低温凝聚态物理的一些现象，都是研究内容。作为现代物理理论基础的相对论、量子论，对当代社会产生了革命性的作用。对这些理论的深入研究，发现其中的可能破缺，对物理理论的深入研究和发展会有重大的作用。我们看到美国国家航空航天局、欧洲空间局等大的空间机构，制订了计划，准备系统研究并且搞清楚一些基本问题，包括引力物理、广义相对论的检验、极端物理环境下超核能量的物质形态、宇宙起源、星系的形成演化、地外生命，以及太阳系的形态等重大基础前沿问题。

三、空间科学的重要战略意义

大家都对载人航天工程有非常浓厚的兴趣，我更强调它除了能推动我国空间技术、空间应用的发展外，还能开展大量空间科学研究，推动我国基础前沿科学的发展。谈到空间科学的战略意义，有这么几个看法。一是空间科学是当代基础科学的前沿领域之一，它当然有很多的母学科，天文学、物理学、生命科学等，空间科学是在这些学科中用特殊手段来开展研究的重要方向，属于科学前沿。二是人类进入空间时代，有许多革命性的新发现和科学认识的飞跃。空间科学探索富于新发现的机遇，人类进入空间时代刚刚50多年，有大量的问题（包括刚才提到的，宇宙学和天体物理方面的问题，地球科学方面的问题，微重力科学、基础物理和生命科学方面的问题），都是非常新的。三是经过50多年的发展，许多科学问题开始逐步清晰，形成了重大科学挑战。21世纪的空间科学，可能会酝酿着对物理学、生物学、宇宙科学、地球科学革命性的重大突破。我国在建设创新型国家的过程中，应该在基础前沿科学研究中走向世界的前列。同时,空间科学本身有很多应用背景,与很多高新技术(当前我们讲的IT、BT、NT,有人还加了一个ET,ET就是地球环境技术)密切相关,将与重大的技术应用产生联系,与我们国家面临的社会发展、经济发展的重大问题密切相关。

空间科学对推动我国科学文化发展也有重要意义。"一个民族有一些关注天空的人,他们才有希望;一个民族只是关心脚下的事情,那是没有未来的。"科学精神、探索未知、追求真理、不断创新,这是民族振兴的根本。现代科学的本质规律是什么?我觉得现代科学研究是理论、实践(实验),再理论、再实践,不断地探索和检验科学真理的过程,不断地探索自然界的本质和规律。我想,物理学也好,天文学也好,微重力科学和生命科学也好,都是以实验、观测为基础的科学。近代科学是以实验观测为基本手段的。现在我们有一些年轻的学者,做一些理论推导,写一些文章,比较轻视实验和观测。如何真正把我们的科学建立在现代科学的基本规律的基础之上?我觉得空间科学非常突出地体现了实验性、观测性,与发展理论很好地结合了。

四、载人航天工程前期的空间科学任务

载人飞船阶段的空间科学任务,是从"神舟一号"开

始的。"神舟一号"到"神舟四号"这四艘飞船是无人的,无人飞船有较多的空间资源可以利用,主要开展空间科学任务的有效载荷的重量、功耗、空间等实验。我们开展了二十几项实验。到了载人飞船阶段,也有一些空间科学和应用任务,一直到"神舟七号"。下一步是发射空间实验室,我们会有更多的机会。前期主要开展了对地观测和地球科学、空间生命科学、微重力流体科学、空间材料科学、空间天文学、空间环境学等研究,下面讲一些实例。

  在对地观测方面,我们发展了新型的与国际同步发展的先进的对地观测遥感器,来开展地球科学研究。人类进入空间以后,首先想到的是拿照相机去拍摄地球,可以看到图像,可以看到物体几何形状,可以看到道路、房屋等。进一步发展,就是通过观测物体的光谱研究陆地、大气和海洋。所有的物质都有自己的特征光谱。大家知道太阳光照射在不同物体上,有不同的发射光谱,任何物质只要有温度就会有电磁辐射,陆地上的土壤、矿产、植被、农作物、城市房屋等的不同光谱特征反映了被测物体的性质。比如,农作物品种不同、长势不同,光谱特性是不同的;水质不同的海水的辐射不一样;海洋有污染,光谱也是不一样的;大气中的不同成分造成特征吸收光谱;等等。所以,光谱成像探测是地球观测重要的发展方向,我们发展了中分辨率的成像光谱仪,它

载人航天与空间科学

▲ 图7　中分辨率成像光谱仪

的幅宽很宽,能够快速覆盖全球,在获取地球图像的同时,对应每一个图像像素同时获取一整套光谱数据。这样的仪器是公认的进行全球环境研究的最重要的仪器(图7)。第一个成像光谱仪是美国的MODIS,是1999年发射的,我们的成像光谱仪在2001年随"神舟三号"发射,是全球第二个上天的,当然在这之前还有欧洲的一个,它不是全谱段的,我们做到了从可见光、近红外、短波红外一直到热红外全谱段的光谱议,一共有34个谱段,取得很多研究成果。最近新发展的成像光谱仪器,谱段数量更多,光谱分辨率也更高了。

对于微波遥感器,大家不是很了解。微波波段也是远距离进行遥感探测的重要波段。大家都知道,所有物体的电磁辐射都是一个连续的类似于黑体的发射谱,在它的低端就是微波,是可以探测的。另外,主动型微波遥感器实际上是一种微波测量雷达,通过发射微波测量微波的反射或后向散射来探测对象的性质。在载人航天工程中,我们研制的微波遥感器包括多通道微波辐射计,探测物体自身发出的微波辐射,又有主动型的微波散射计和微波高度计,通过主动发射微波,接收它的反射和后向散射来探测海表或者地物的特性,组成一套多模态的微波遥感器。微波高度计是测量海面高度和海浪高度的微波高度雷达,海面拓扑高度的微小变化,反映海底地形和海洋洋流的特征,对研究海洋和全球气候意义重大。散射计也是一种微波雷达,用来测量海面风场。大家都知道,地球上约3/4的面积是海洋,陆地上可以建气象站,但是海洋上很难建气象站,因此对海洋表面的风速和风向不容易全面测量。海风在海表面上吹拂以后产生波浪,在高空可以看出波浪形成的波纹,就是纹理,微波雷达探测它的纹理的脉络方向特点,通过物理模型和数学模型来反算海面的风场,这个风场一定程度上与陆地的风相互作用,并驱动洋流,对气象预报、全球和局域气候变化有很强的控制作用。

载人航天工程部还发展了卷云探测技术。一般的云是水云,比较厚,大家一眼就看到了,卷云是在"天高云淡"时看到的高度很高的比较淡的云,是冰晶云。卷云对太阳和地球的辐射产生控制作用,地球接受太阳的辐射,赤道热一些,北半球冬天凉一点,是由太阳照射产生的热量的不同所造成的。卷云既散射太阳的入射辐射,同时也遮挡地球辐射到外层空间的能量,所以对全球能量收支平衡有重要的控制作用。这对全球环境变化研究是非常重要的。我们在载人航天前期的地球科学研究中,还开展了太阳常数的精密定量测量,太阳常数是太阳照射到地球上单位面积的辐射量,太阳本身有活动周期变化,同时周期性地离地球有微小的距离变化,长期监测太阳到达地球近地空间的总能量,对地球整体能量研究非常重要。我们还开展了地球热辐射收支的定量探测,地球从外部收进来多少辐射,发射出去多少辐射,也是十分重要的参量。这些都是空间地球科学研究的重要基础数据。

在生命科学和生物技术方面,我们开展了空间生物效应的研究,我们把各种各样不同的生物样品,包括细胞、细胞组织、微生物、水生生物、动物等,放到天上去,在空间微重力环境下,通过地面和天上的比对来研究不同的生物或生命组织在空间微重力环境下的变化情况,从科学上来讲,就是研究生命对微重力环境的响应(应激),研究生命对微重力环境的感知、传导等基础生物学问题。我们还开展了蛋白质结晶、细胞培养、细胞电融合和采用空间电泳方法进行蛋白质和生物大分子分离纯化等生物技术研究,这些研究主要是利用空间微重力环境,开发新的生物制品和药物。为什么要在空间进行蛋白质结晶?蛋白质是组成生命体非常重要的生命物质,是生物体内发挥不同功能的重要的生命物质。比如,蛇毒就是一种蛋白质,这种蛋白质对人畜可以致命,而血液中的血红蛋白输送氧气,人体不可或缺。蛋白质基本上都是由氢、氧、氮等几种元素和少量微量元素组成的,但是功能如此不同,是因为蛋白质这种生物大分子的功能与结构有相当紧密的关系。在一般情况下搞不清楚生物大分子的结构,必须结晶以后通过 x 射线衍射或者通过其他结构分析的办法才能搞清楚它的结构,所以蛋白质结晶,直接的用途就是生物药物设计,制备具有特定功能的生物制剂。蛋白质结晶为什么在天上做呢?因为在理论上,在微重力环境下对流、沉降这些问题都没有了,容易长成比较大的、饱满的、结构完整的晶体。当然,真正要在天上做成很好的晶体也是非常不容易的。在"神舟三号"上我们开展了16种蛋白质晶体生长,结晶率达到70%,其中两种蛋白质晶体的结构完整性和数据是当时最好的。

在空间材料科学方面,我们设计了多工位空间晶体生长炉,已做了很多样品空间实验,包括半导体、光电子材料、氧化物晶体材料、金属合金等,开展了一系列这样

载人航天与空间科学

的研究,也是利用微重力这一有利条件。

微重力下的流体物理研究,是要研究清楚在没有重力的情况下,不同的流体体系,比如具有自由界面的、与容器壁接触的、气液混合的、不同液体混合的液体体系,分子表面张力引起的对流(称做热毛细对流或马拉哥尼对流)如何影响流体的行为。在地面重力环境下,这些微对流现象为重力引起的对流所掩盖,不容易被观察清楚。研究微重力流体物理,是空间材料加工、空间工程中的流体管理、空间生物技术研究、解决微对流对获取高质量材料的影响问题和对生物技术流程的影响问题的基础,当然把规律搞清楚了,对地面上改进与流体过程有关的生产加工过程也是很重要的。在载人航天工程中,除了开展地面实验研究外,在"神舟四号"飞船上进行了空间液滴迁移实验。大家看视频很有意思,在一种液体中注入不相溶的另一种液体,形成液滴,在微重力下即使两种液体的比重不同,也只会悬浮在其中,而这个液池通过温度控制形成了一个上下的温度梯度,由于液滴界面表面张力在这个温度梯度作用下不对称,出现了液滴可以被控制移动的情况。在实验中还获得了液滴内液体微流动的干涉条纹,是一个有较高水平的实验。

空间天文方面,在"神舟二号"上我国第一次用自己的探测器探测到了宇宙 γ 射线暴,前面我提到,宇宙 γ

射线暴国外早已经探测到了,中国过去没有在天上探测的机会。在"神舟二号"飞船上,我们研制并装载了由硬X射线探测器、软X射线探测器和γ射线探测器组成的探测系统,探测到了30多个γ射线暴,进行了能谱和时间结构分析,和国外卫星作了对比、联测,同时对太阳耀斑的高能辐射也作了上百次成功的探测。"神舟七号"飞船主要任务是航天员出舱活动,取得了成功。在"神舟七号"上我们开展了伴飞小卫星实验,大家可能在电视报道上都看到了。开展这个试验,是为了扩展空间科学任务的灵活性和多样性,在空间站建成后,微小卫星伴随飞行、编队飞行可以成为空间站功能的延伸。"神舟七号"的伴星只有40公斤,大小是40厘米见方,很小,但功能齐全,能够作轨道机动,能够控制姿态,也能够照相、摄像并有测控通信功能。小卫星从飞船上释放后,从飞船顶部绕飞过去,对准飞船进行观测(图8),之后飘离飞

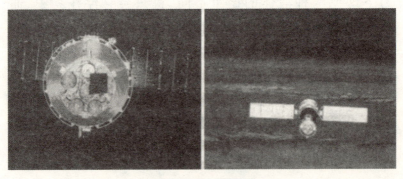

▲ 图8 伴飞小卫星

船480公里,又通过轨道控制,仅仅用了不到200克燃料逼近飞船,最终以4公里和8公里的椭圆相对轨道绕着飞船飞行了30多圈,很有意思,也验证了今后的发展前景。"神舟七号"还做了一个有意义的实验,就是把各种空间用的固体润滑材料做成样品,放在一个样品台上,迎风面和背风面有同样的材料,研究这些金属基和有机材料做成的固体润滑材料在原子氧和紫外照射环境下的变化,在地面模拟原子氧环境的试验箱内也同时进行试验,研究不同润滑材料的空间适应性。这个样品台是由航天英雄翟志刚出舱时手动取回来的,今后在空间站将开展包括空间材料、辐射生物学和新技术试验的很多舱外暴露实验工作。

载人航天工程中的应用是我国第一个系统的空间科学和空间应用计划,规模不是很大,一共做了29项科学实验和探测工作,但这是一个成功的空间科学应用的计划,实现了预定的目标,推动了我国空间科学的发展,推动了对地观测和地球科学探测技术的发展。它取得了较好的科学技术成果,同时对我国空间科学起步、发展起到重要的奠基作用。我国空间技术、空间应用正在快速发展,但是相比而言,我国空间科学明显落后,有投入少、实验机会少的原因,主要是对基础科学的重视程度不够。发达国家把基础科学研究的能力、水平看做国家的核心能力,因为基础研究是高新技术的源泉,是社会经济发展的推动力量。我们宣传空间科学,是为了呼吁更加重视这项工作,能够更好地、更全面地部署包括基础科学研究在内的整体科技的发展。

五、载人空间站空间科学任务规则

我国已决定在2020年前后建造空间站。载人空间站是一个长期运行的太空实验室,至少运行10年,有航天员参与科学实验,进行建造维修活动,每年有载人飞船运送和接回航天员,有货运飞船与空间站对接,源源不断地运输补给品,包括空间实验载荷和各种实验样品。空间站可以装载多达十几吨的有效载荷,因此空间站将是我国发展空间科学、争取获得重大科学突破的重大历史机遇,当然还将开展空间应用、试验新技术,将会取得重大效益。

我本人参加了载人空间站的空间科学与应用任务论证,今天谈的是我个人的一些思考。在2020年我们建成国家空间站开展空间应用,需要有科学前瞻眼光,目前还有不到10年时间,科学发展很快,特别要强调基础性、前沿性、创新性,要能够很好地和载人空间站的特点配合起来。要选择空间科学前沿和重大的科学问题,引领和带动我国空间科学研究水平的重大发展,争取使我国空间科学的一些重要领域进入世界前列。

载人航天与空间科学

空间站应用的领域,包括生命科学和生物技术、航天医学、微重力科学,包括微重力流体物理和燃烧科学、空间材料科学和微重力基础物理的研究,还有空间天文、空间地球科学、空间物理和空间环境等领域。以上包括了空间科学的绝大部分领域。那么如何选择这些领域的具体方向和课题呢?我认为,一方面,我们要在过去国内外工作的基础上,深入研究相关的科学问题,争取取得比较系统的对科学规律的认识,另一方面要关注国际空间科学领域的发展趋势,认真研究和关注重大前沿科学问题。比如在生命科学方面,我们要深入研究重力生物学和辐射生物学等基础问题,搞清不同生命体对重力的响应、感知、传导,对辐射的响应和变异,同时也要研究生命起源等重大前沿问题。在流体物理方面,进一步研究各种流体体系在微重力下表面张力引起的效应,也要重点研究如分散体系、复杂流体等前沿性问题。微重力基础物理是微重力科学界近年积极推动发展的较新领域,其中引力物理研究及相对论的实验验证、冷原子体系中新奇量子现象的研究非常值得关注。在空间天文方面,我们应当认真考虑在暗能量、暗物质、宇宙形成演化等最具挑战性的研究方向上有重大突破。在空间地球科学方面,争取发展一批具有引领性、突破性的新一代地球观测仪器,如激光雷达、极高光谱分辨率的大气光谱仪等,对高精度监测二氧化碳等大气微量气体及其输运过程,以及影响全球变化要素的物理量开展精细探测,配合其他资料,在研究地球系统及全球变化方面做出有特色的工作。再有,空间站的应用也要考虑带有方向性、战略性的空间应用新技术的发展,如新一代信息技术,包括空地量子信息传递技术、纠缠光子分发技术,现在发展很快,今后可能成为革命性的实用技术,当然还需要做大量科学研究和工程试验。还有激光通信、太赫兹通信等新一代的通信技术。

在论证空间站空间科学方向和选题上一定要开放,我们非常希望动员国内各方面的优势力量,包括科研院所、高等院校和工业界的力量,一起来探讨、推动我们国家在空间站以及其他空间科学计划中的合作,同时重视和开展国际合作。

关于空间站的空间科学任务,我们正在进一步深化研究,科学前瞻,把握好方向,推动我们国家的空间科学,当然也包括一些很重要的空间应用技术走向辉煌,将会进一步广泛征求意见建议、征集提案,大力推进国内联合、国际合作。今后还要加强科普宣传,这个不是现在才提出来的,一开始论证的时候就感觉到其重要性,不少国家重大项目,一定会拨出一定比例的经费,作为向公众宣传和进行科学普及的费用。一方面,公众有知情权,科研费用是纳税人的钱,要让人民群众了解你在做什么,为什么要这么做;另一方面,这对提高整个民

载人航天与空间科学

族的科学素质、普及科学知识有重要的作用。我们在载人航天科学项目中也想设青少年科学专项,专门用来搞科普活动,以后空间站和地面之间也可以进行一些科学方面的互动,使公众和青少年不光是看热闹,而且能够了解更多的科学知识。

展望我国空间站计划,它确实是一项有重大意义的国家标志性工程,同时我们必须要把它变成一个有丰富科学内涵的、扎实推进科技发展进步的,能够为我们国家科技发展、国民经济和社会发展、解决国家重大问题做出重大贡献的计划,从而为实现中华民族的伟大复兴做出贡献。

从仰望星空到走向太空

路甬祥

一、伽利略的发现及其意义
二、人类对宇宙的探索需要各国不同领域科学家的紧密合作
三、人类探索太空的动力源自认知和驾驭客观世界的科学精神
四、仪器的改进与科学的进步
五、宇宙探索——永无止境的科学前沿

【作者简介】 路甬祥,流体传动与控制专家。中国科学院原院长,浙江大学教授。籍贯浙江慈溪,1942年4月28日生于浙江宁波。1964年毕业于浙江大学。1981年获德国亚琛大学工程博士学位。1990年当选为第三世界科学院院士。1991年当选为中国科学院学部委员(院士)。

在前人的基础上创造性地提出"系统流量检测力反馈"、"系统压力直接检测和反馈"等新原理,并应用于先导流量和压力控制器件,将此技术推进到一个新阶段,使大流量和高压领域内的稳态和动态控制精度获得量级性提高。运用这些原理和机电液一体插装技术相结合,推广应用于阀控、泵控和液压马达等控制,研究开发了一系列新型电液控制器件及工程系统。该技术被认为是20世纪80年代以来电液控制技术重大进展之一。主持开发研究的相应的CAD、CAT支撑系统,被广泛应用于中国工业部门。

我国自主研制的 LAMOST 望远镜

2009年是伽利略(Galileo Galilei,1564—1642年)首次用望远镜观测天体400周年,因此被联合国确定为国际天文年,以纪念这位人类历史上第一个把望远镜对准茫茫太空的人。伽利略是近代科学的开创者之一,是科学史上的伟人。他把理论与实验相结合,形成了一套基于实验观察、数学分析、严谨实证的科学研究方法,从此人类有了现代意义上的科学。伽利略等所开创的近现代科学,在今天更加充满生机,有力地推动着人类文明的进步与发展。

一、伽利略的发现及其意义

1609年7月,伽利略在荷兰人发明望远镜的基础上,用风琴管作镜筒,两端分别嵌入一片凸透镜和一片凹透镜,制成了一架放大率为3倍的望远镜。同年年底,他又把望远镜的放大倍数提高到了32倍,用来观察太空,从而扩展了人类的视野,发现了一系列以前从未发现过的天体现象。

他利用望远镜发现,月球表面高低不平,有高山、深谷,也在自转。他把月球上两条主要山脉分别以"阿尔卑斯"和"亚平宁"来命名,绘制出世界上第一幅月面图。他断定月球自身并不发光,只能反射太阳光。伽利略用简陋的望远镜发现有4颗卫星在围绕木星旋转,他还先后发现了土星光环、太阳黑子、太阳的自转、金星和水星的盈亏现象、月球的周日和周月天平动,以及银河是由无数恒星组成的,等等,从而开辟了依靠观测和实验了解天象、解释天体运动的新时代。如同哥伦布(Cristoforo Colombo,1451—1506年)发现了"新大陆"一样,伽利略发现了"新宇宙"。这些真实的、可重复的观测结果,形成了对哥白尼日心说极其有力的支持。1610年3月,伽利略把观察结果和对哥白尼(Nicolaus Copernicus,1473—1543年)学说的阐述写成《星际信使》一书,在威尼斯公开出版,在当时的欧洲社会产生了很大影响。

由于所主张的学说和提供的依据,从根本上对当时的宗教教义提出了挑战,伽利略遭到了教会的不公正审判,被判处终身监禁。但是,真理的光辉终归要照亮大地。由于伽利略的历史贡献,以及更多的科学依据和阐释,日心说终于取代了延续千年的地心说。更重要的是,伽利略向人们展示了具有说服力的认识自然的科学方法,即依靠观察和实验来了解自然的真实景象,依靠理论和数学分析来解释所观察到的现象。

伽利略是近代物理学的创始人。他首次把实验引进力学,并利用实验和数学相结合的方法,先后确定了自由落体运动规律、惯性定律、摆的等时性定律、合力定律和抛射体运动规律等重要的力学定律。他详细研究了重心、速度、加速度等物理现象，并给出了严格的数学表达式。其中，加速度概念的提出，是力学史上具有里程碑意义的事件，因为从此力学中的动力学部分能够定量描述。荷兰科学家惠更斯（Christiaan Huygens，1629—1695年）在伽利略工作的基础上，推导出了单摆的周期公式和向心加速度的数学表达式；英国科学家牛顿（Isaac Newton，1643—1727年）在系统地总结了伽利略、开普勒（Johannes Kepler，1571—1630年）、惠更斯等的工作后，最终得出了万有引力定律和运动三定律。

伽利略留给后人的精神财富是极其宝贵的。伽利略所作的最重要的贡献在于他把逻辑方法和科学实验紧密结合在一起，奠定了近代科学的方法论基础，这种新方法，使物理学告别了主观猜测、形而上学和粗略定性，成为论据扎实、推理严谨、可实证、可检验和可重复的科学，有力地推动了近现代科学的诞生与发展。正是在这个意义上，伽利略被称为科学实验方法的创始人和近代科学的奠基人。爱因斯坦（Albert Einstein，1879—1955年）曾这样评价："伽利略的发现，以及他所用的科学推理方法，是人类思想史上最伟大的成就之一，而且标志着近代物理学的真正开端！"（爱因斯坦、英费尔德：《物理学的进化》）

二、人类对宇宙的探索需要各国不同领域科学家的紧密合作

认知宇宙一直是人类的梦想，人类一直试图对浩渺的宇宙做出合理的解释。中国古人提出过盖天说和浑天说，中国汉代学者张衡（78—139年）曾经提出"宇之表无极，宙之端无穷"（《灵宪》）的无限宇宙概念。古希腊哲学家柏拉图（Plato，约前427—前347年）认为宇宙中的物体呈现出最完美的圆形运动，宇宙由各个星层组成，存在着一个宇宙的中心。古希腊的天文学家托勒密（Claudius Ptolemaeus，约90—168年）提出了地心说，认为地球是宇宙的中心。哥白尼提出了日心说。牛顿提出了机械的宇宙观，认为在第一推动力的作用下，宇宙按照机械运动的规律运行着。法国人拉普拉斯（Pierre-Simon Laplace，1749—1827年）和德国人康德（Immanuel Kant，1724—1804年）提出了星云学说，认为宇宙物质是由星云逐渐变化而形成的。近代科学认为，任何一种宇宙学说或者模型，都必须经过观测或实验的检验，才能成为被普遍接受的科学理论。

随着天文望远镜等观测和分析仪器的问世与改进，人类对宇宙的认识愈加清晰丰富。1781年前后，英国天文学家赫歇耳（Friedrich Wilhelm Herschel，1738—1822

年)使用望远镜发现了天王星,这是人类第一次用望远镜发现行星。天王星被发现后,人们发现它总是有些偏离计算的轨道,于是有天文学家猜测,在天王星之外还存在一颗行星,它的引力干扰了天王星的运行。1846年,英国的亚当斯(John Couch Adams,1819—1892年)和法国的勒维列(Urbain Le Verrier,1811—1877年)独立对此进行了研究,计算出这颗新行星即将出现的时间和地点,德国天文学家戈勒(Johann Gottfried Galle,1812—1910年)在天文观测中辨认出这颗新行星,与预计的轨道只差1°。海王星的发现说明了天文观测中理论指导的重要意义,在理论的指导下,不仅能够确定新天体发现的区域和时机,更重要的是,能够揭示出所观测现象的科学意义。科学的最终意义不仅在于发现自然,更在于合理地解释自然。

有了越来越先进的观测、分析等技术手段,有了越来越严谨的理论和数学工具,人类对宇宙的研究不断深化和拓展。17世纪陆续发现了一些朦胧的拓展天体,人们称它们为"星云"。仙女座星云是其中最亮的一个。但它是银河系内还是银河系外的天体,学界一直有争论。1924年,美国天文学家哈勃(Edwin Powell Hubble,1889—1953年)使用当时世界上最大的2.4米口径望远镜,在仙女座星云里找到了造父变星,利用造父变星的光变周期和光度的对应关系,确定了该星云的距离,证明它确实是在银河系之外,而且也像银河系一样,是由几千亿颗恒星以及星云和星际物质组成的河外星系。迄今,已经发现了大约10亿个河外星系,天文学家估计河外星系的总数在千亿个以上。

1967年,英国天文学家休伊什(Antony Hewish,1924—)和博贝尔(Jocelyn Bell Burnell, 1943—)偶然发现了脉冲星。脉冲星发射的射电脉冲周期非常稳定。人们对此曾感到很困惑,甚至一度猜测这可能是宇宙中智慧生命发出的信号。而在此之前,物理学家发现中子后不久,1932年朗道(Lev Davidovich Lendau, 1908—1968年)就提出可能有由中子组成的致密星。1934年巴德(Wilhelm Heinrich Walter Baade, 1893—1960年)和兹威基(Fritz Zwicky, 1898—1974年)提出了中子星的概念。1939年奥本海默(Oppenheimer, 1904—1967年)等通过计算建立了中子星模型。由于事先已经有了关于中子星的理论,科学界很快就确认脉冲星是有极强磁场的快速自转的中子星。这又是一个理论指导科学发现的典型案例。

宇宙大爆炸模型更是理论指导发现的经典案例。1915年,爱因斯坦提出了广义相对论,奠定了现代宇宙学的理论基础。根据广义相对论的推测,宇宙不是稳定态的,不是膨胀就是收缩。1922年,苏联宇宙学家弗里德曼(Aleksandr Friedmann, 1888—1925年)根据爱因斯坦的相对论，提出了宇宙大爆炸学说，经过后来许多科学家的深化和丰富，成为宇宙大爆炸模型，这种思想逐渐成为宇宙起源与演化的主流思想。根据宇宙大爆炸模型，在宇宙的最早期，即距今大约137亿年前或更早，今天所观测到的全部物质世界完全集中在一个很小的范围内，温度极高，密度极大。从大爆炸开始，宇宙历经了普朗克时期、强子时期、轻子时期（5秒），在100秒左右发生了核合成，产生氘和氦，宇宙以辐射为主。大爆炸发生后约38万年，温度下降到4000K，中性氢开始形成，宇宙进入退耦时期，光子和物质分离，光子成为宇宙背景辐射，宇宙进入以物质为主的黑暗时期。一直到大约2亿年，第一批恒星和星系开始形成，宇宙逐渐被照亮，随后的几亿年间，第一批超新星和黑洞形成。大约10亿年时，比星系尺度更大的星系团形成，星系之间发生合并等剧烈的演化活动，恒星系统形成。经过了漫长的演化，形成了今天人们所看到的形形色色的宇宙（何香涛：《观测宇宙学》，北京师范大学出版社，2007年）。

宇宙大爆炸理论陆续得到一些观测的证实。1929年，哈勃发现星系距离人们越远，远离人们的速度越快，被称为哈勃定律，从而证实了当前的宇宙处于膨胀状态。

20世纪60年代，美国贝尔实验室的彭齐亚斯（Arno Allan Penzias, 1933—　）和威尔逊（Robert Woodrow Wilson,1936—　)探测到了3K左右的宇宙微波背景辐射，这与1948年俄裔美国科学家伽莫夫(George Gamow，1904—1968年)和比利时人勒梅特(Georges Lemaitre，1894—1966年)等改进的宇宙大爆炸模型非常符合，即人们今天观测到的近乎各向同性的宇宙微波背景辐射，是宇宙膨胀冷却到光子不再和宇宙物质发生相互作用时留下的退耦"遗迹"，当时的宇宙温度约为4000K，按照宇宙的膨胀速率，到今天恰好为3K左右。

1989年美国发射的COBE卫星对微波背景辐射的精密测量进一步表明，在104精度内，宇宙是均匀、各向同性的，这就进一步证实了宇宙大爆炸模型。哈勃定律与宇宙大爆炸模型的预言一致，已被28000个星系的红移(或退行速度)与距离的关系的观测数据所证实；宇宙大爆炸模型预言宇宙现在的年龄约为137亿年，宇宙中的天体，如恒星、星系等，都是在宇宙形成以后逐渐形成的，所以它们的年龄必须小于宇宙年龄，这也符合目前的观测；宇宙大爆炸模型预言了宇宙中轻元素氦的丰度约为25％，氢的丰度约为75％。多年来人们对天体轻元素丰度的观测结果，正好与宇宙大爆炸模型的预言相一致，从而成为宇宙大爆炸模型的证据(陆埮:《解开宇宙之谜的十个里程碑》)。宇宙大爆炸模型的提出和证实再一次表明，宇宙学的研究需要各国不同领域科学家的紧密合作；宇宙学的研究，不仅需要理论上的创新，而且需要观测和分析手段的创新。

三、人类探索太空的动力源自认知和驾驭客观世界的科学精神

探索太空是人类自古以来的梦想,中国在春秋战国时期就有嫦娥奔月的传说。明代有一个叫"万户"的飞天实践家,被誉为第一个利用火箭动力实现航天之梦的先驱。但是他失败了,原因是既无科学理论指导,也无技术条件保障。100多年前,俄国科学家齐奥尔科夫斯基(Tsiolkovsky Konstantin Eduardovich,1857—1935年)发表了科学论文《用火箭推进飞行器探索宇宙》,第一次系统地阐述了宇宙航行的基本理论和方法。他说:"地球是人类的摇篮,但人不能永远生活在摇篮里。他们不断地向外探寻着生存的空间:起初是小心翼翼地穿出大气层,然后就是征服整个太阳系。"虽然在当时的科技条件下他的梦想无法成真,但是为火箭技术和星际航行奠定了基本理论。他的名言一直激励着人类为挣脱大地的束缚、进入和探索太空进行着不懈的努力。

随着人类技术水平的不断提高,1957年,苏联发射了人类第一颗人造卫星"伴侣1号",拉开了现代航天事业的序幕。到了20世纪末,已有20多个国家和组织进入了"太空俱乐部",合计进行了数千次的太空发射,把

5000多个各类卫星、太空探测器、宇宙飞船、航天飞机送上太空。至今在人们头顶上仍有1000多颗卫星。气象卫星、通信卫星、电视卫星、遥感卫星、GPS(全球定位系统)等,为人们提供着各类服务。

1961年4月,苏联宇航员加加林(Yury Alekseyevich Gagarin,1934—1968年)乘坐"东方1号"飞船升空,在最大高度为301千米的轨道上绕地球飞行一周,完成了世界上首次载人宇宙飞行。1969年7月,美国"阿波罗11号"飞船承载着全人类的梦想飞抵月球,宇航员阿姆斯特朗(Neil Armstrong,1930—2012年)成为登陆月球第一人。这些都是人类航天事业中的里程碑式事件。

随着航天科技的发展,人类已由在太空中的短暂停留,发展到可以在太空中长期生活,现在已有人在太空站生活了一年。迄今,全世界已发射了9个空间站。苏联是首先发射载人空间站的国家,其"礼炮1号"空间站在1971年4月发射成功。美国于1973年5月14日成功发射空间站"天空实验室"。苏联于1986年2月发射了大型的"和平号"空间站,这个空间站全长13.13米,最大直径4.2米,重21吨。国际空间站于1993年完成设计,开始实施。该空间站以美国、俄罗斯为首,共16个国家参与研制。其设计寿命为10~15年,建成后总质量达438吨,长108米。太空站的出现,为人类持续研究太空环境,利用微重力环境研究物理、生物、化学等问题,深化对物质及其运动规律的认识,研究人类在太空生存时的生理和心理变化创造了条件。

中国于1970年4月发射了第一颗人造卫星"东方红1号"。2003年10月杨利伟乘坐"神舟五号"飞船成功实现了中国第一次载人太空飞行。2008年9月中国"神舟七号"宇航员翟志刚成功进行了第一次太空行走。2007年10月24日,我国"嫦娥一号"探月卫星成功发射升空,并在随后的一年里圆满地完成了月球探测任务。中国作为一个太空科技的后发国家,走的是一条低投入、高效益、自主发展的道路。坚信在不久的将来,中国航天科技一定会有更大的飞跃,将为国家富强、民族振兴做出更大的贡献。

人类在探索太空的历程中,也经历了艰辛,甚至牺牲了生命。以美国为例,到目前为止,美国共有17名宇航员牺牲。1967年1月27日"阿波罗1号"失事,牺牲3名宇航员;1986年1月28日"挑战者号"失事,牺牲7名宇航员;2003年2月1日"哥伦比亚号"失事,牺牲7名宇航员。尽管在走向太空的征程中历经失败,但人类已经取得了辉煌的成就,而且还会收获新的战果。人类探索太空的原动力,就来自人类渴望认知和驾驭客观世界的科学精神,伽利略所秉承和坚持的也正是这种精神。这种科学精神值得有志于献身科学的每一个人用毕生的精力去坚持,并一代又一代地发扬光大。

四、仪器的改进与科学的进步

技术手段的改进,往往能够促进新知识的产生,进而促进科学的进步。天文学与物理学、化学等其他绝大多数自然科学一样,是建立在观测和实验基础上的科学。天文学研究的进步既需要理论的创新与发展,也需要观测分析仪器的创新。每一次天文观测方法和设备的革命性改进,都无一例外地引发了天文学研究的跨越式发展。望远镜集光能力,空间、时间分辨率等性能的提高,往往引发天文科学前沿领域的突破性进展。从可见光学波段到射电波段,再发展到紫外、红外、X射线及γ射线,全电磁波段天文观测向人们开启了全新的宇宙观测窗口和视角。仅以20世纪60年代为例,利用第二次世界大战中雷达技术的进展,射电天文学脱颖而出,直接导致了类星体、脉冲星、星际分子和宇宙微波背景辐射四大里程碑式的天文发现,也由此赢得了五项诺贝尔物理学奖。

随着空间技术的飞速发展,人类已利用新一代空间望远镜、天文卫星等探测手段,获得了大量新的观测数据,丰富了对宇宙的认识。最突出的例子就是哈勃太空望远镜,该望远镜于1990年升空,主镜直径2.4米。哈勃太空望远镜工作20多年来,对深空中的2.6万个天体拍摄了50万张以上的照片,根据对哈勃太空望远镜的观测结果的研究,产生了超过7000多篇科学论文,哈勃太空望远镜已成为产出最高的天文学设备之一(参见美国《大众机械》杂志文章《世界功能最强5大天文望远镜》)。哈勃太空望远镜帮助科学家测定了宇宙年龄,证实了多数星系中央都存在黑洞,发现了年轻恒星周围孕育行星的尘埃盘,确认宇宙正加速膨胀,还提供了宇宙中存在暗能量的证据。

再如,2000年开始的斯隆数字巡天计划(Sloan Digital Sky Survey,SDSS),观测了25%的天空,获取了超过100万个天体的多色测光资料和光谱数据;我国自主研制的LAMOST望远镜,采用实时主动变形反射施密特改正板和4000根光纤同时精确定位技术,以前所未有的4米通光口径同时具备5度观测视场,计划将人类对天体的光谱巡天数据再增加一个数量级,达到千万级[在世界上已有的天文观测设备中,LAMOST成为集中并大规模应用2009年荣获诺贝尔物理学奖的两项应用成果——光纤通信和电荷耦合探测器件(CCD)的最为典型的天文望远镜(4000根光纤+32个4000×4000的CCD探测器)],这进一步说明了天文学和技术应用之间的辩证关系,即天文学既依赖又推动技术应用的发展;2003年开始公布数据的威尔金森微波各向异性探测器(Wilkinson Microwave Anisotropy Probe,WMAP),力图找出宇宙微波背景辐射的温度之间的微小差异,以帮助验证有关宇宙起源与演化的各种理论。这些技术手段的发明和改进,以前所未有的精度把人们带入到"精确宇宙学"时代,有助于不断深化人类对宇宙的认识。

　　天文学的发展离不开其他学科,同样,天文学的发展也促进了其他学科的进步。太阳系的行星运动是理想的牛顿力学实验室,而中子星、黑洞乃至整个宇宙则是检验爱因斯坦引力理论的实验室。天文学提供了检验各种极端物理条件,如微重力、极高(低)温、极高(低)压、极强(弱)引力、极高(低)密度、极强(低)磁场等的物理理论的"宇宙实验室"。宇宙在演化中形成了地球上几乎所有的化学元素,并由这些元素产生出各种无机分子和有机分子。因此,生命物质的起源很可能并不是地球独有的,在宇宙其他天体中也可能存在着氨基酸等生命物质,从这个意义上说,宇宙也应是生命起源与演化的实验室。现代天体物理学中提出的暗物质、暗能量、反物质等问题,将对物理学的基础产生重大的影响。在"元素周期表"上位居第二位的元素氦,是首先在对太阳光谱的观察中被发现的。最早测定光速的方法之一,正是利用了木星卫星的掩食现象。人类曾经长期探索太阳巨大能量的来源问题,19世纪末,发现了元素的放射性,英国科学家卢瑟福(Ernest Rutherford,1871—1937年)提出,能量足够大的氢核碰撞后可能发生聚变反应,这可能是太阳能的来源。依靠核聚变理论和实验，人类发明了氢弹。50多年来，许多国家又在研究以可控核聚变作为新型能源。广义相对论发表后的一段时间里，一直得不到实验的验证。1919年，英国天文学家爱丁顿（Arthur Stanley Eddington，1882—1944年）在日全食期间观测到了太阳附近恒星位置的偏移，测得的偏移量与广义相对论的计算结果相符合，广义相对论第一次得到了观测证据的支持。加上后来的金星雷达回波延迟、行星近日点的进动、太阳光谱和白矮星光谱引力红移等现象的发现，广义相对论得到了进一步验证。

    天文仪器的创新，有时候也能同时促进其他学科的发展。望远镜是观测宇宙的工具，其每一个历史发展阶段，都是最先进的精密光学机械电子技术的集成。望远镜的研发改进，不断向高新技术及制造技术提出挑战，从而带动了高新技术创新。很多基于望远镜的科技创新成果，可以广泛应用于国民经济和国防建设。例如，因天文学需求而发展起来的自适应光学技术、激光导星、大规模波前探测器和校正器等，可应用于深空自由空间光通信、激光光束和光学成像整形与控制等；天文学红外探测器技术的发展，将有利于夜视导航与预警，卫星气象预报，资源、灾害遥感，医学成像诊断等领域取得突破性进展。

五、宇宙探索——永无止境的科学前沿

伽利略凭借简单的望远镜,发现了原先未知的太阳系中的一些现象;人类依靠不断改进的观测设备,进一步认识了太阳系、银河系以外的宇宙;今天,人类的研究触角已伸向宇宙诞生之初,伸向宇宙的边缘。然而,宇宙探索是永无止境的科学前沿,人们已知的宇宙现象,比起人们未知的宇宙奥秘,如同沧海一粟,人类对宇宙的认知,还处于刚刚学会爬行的婴儿阶段,还有遥远的路程。

尽管宇宙大爆炸模型取得了很大的成功,但是人们对于宇宙暴胀的机制和大爆炸的具体过程尚不清楚,还没有解决宇宙的视界、奇性、宇宙学常数等重要问题,还完全不理解主导宇宙大尺度结构的形成和演化的暗物质和暗能量,还没有完全认识宇宙中正反物质的不对称性的根源,也没有全面揭示宇宙中黑洞的形成和增长,以及星系的形成和演化的规律。特别是暗物质、暗能量和黑洞问题,被认为是宇宙研究中最具挑战性的课题,有待于进一步的深入探索。

暗物质是宇宙中无法直接观测到的物质,但它却能干扰星体发出的光波或引力,所以科学家可以认识到暗物质的存在。暗物质是宇宙的重要组成部分。暗物质的总质量是普通物质的6.3倍,而人们可以看到的物质

只占宇宙总物质的10%不到,暗物质可能主导了宇宙结构的形成。科学家曾对暗物质的特性提出了多种假设,但暗物质的本质是什么,现在还是个谜(陆埈:《解开宇宙之谜的十个里程碑》)。

暗能量是一种不可见的、能推动宇宙运动的能量,暗能量的存在直到1998年才被天文学家初步证实。有科学家推测,宇宙中所有的恒星和行星的运动基本都是由暗能量来推动的。暗能量是近年宇宙学研究中的另一个具有里程碑式的重大成果。支持暗能量的主要证据有两个。一是对遥远的超新星所进行的大量观测表明宇宙在加速膨胀。按照爱因斯坦引力场方程,能够从加速膨胀的现象推论出宇宙中存在着压强为负的"暗能量"。二是来自于近年对微波背景辐射的研究精确地测量出的宇宙中的物质总密度。值得注意的是,观测得出的物质能量总量,超过了普通物质和暗物质的质量之和,所以必须有某种成分,如暗能量,来填补那个差值。

从哲学的角度来讲,暗物质和暗能量相继被证实存在是对人们的观念的一次极大冲击和突破。当年哥白尼仅仅将宇宙的中心从地球"搬到"太阳,就引起了全世界的轩然大波,人们不得不重新审视自身在宇宙中所扮演的角色。天文学上的发现不断地突破人们刚刚确定的关于宇宙中心知识体系,直到爱因斯坦提出广义相对论,人们才发现宇宙根本没有所谓的中心。暗物质和暗能量同样是以前人类无法想象的事情,但它们就存在于整个宇宙中,并在宇宙的构成和作用等方面居于主导地位。

反物质是由反原子构成的物质。反质子、反中子和反电子如果像质子、中子、电子那样结合起来就形成了反原子。反物质正是一般物质的对立面,而一般物质构成宇宙的主要部分。物质与反物质的结合,会如同粒子与反粒子结合一般,导致两者湮灭,并因而释放出高能光子(如伽马射线)。根据爱因斯坦著名的质能关系式——$E=mc^2$,如果质量湮灭,就会产生能量。正反物质湮灭时质量几乎损失殆尽,产生的能量比重核裂变和轻核聚变产生的少许质量差异大得多,会将100%质量转化成能量,而利用聚变反应的氢弹则大约只有7%的质能转换率。

人类走向太空的征程同样也只是刚刚起步。自从1961年2月12日苏联发射"金星号"探测器奔赴金星以来,各种宇宙探测器已先后对月球、水星、金星、火星、木星、土星、天王星、海王星、冥王星、哈雷彗星以及许多小行星和卫星进行了近距离或实地考察,获得了丰硕的成果,而且不断有新的发现。借助太空探测器,人们看到金星上终日蒙着的一层密雾浓云及温暖世界,破解了火星上所谓的人工运河和生命存在之谜,观察到土星的奇异光环和卫星家族,以及木星及其极光景观等,使人类对太阳系的认识更加清晰。现在,美国于1977年8月发射的"旅行者2号"太空探测器已经飞离太阳系,正在走向其他星系。人类虽然已经在近地轨道、远地轨道乃至月球留下了足迹,但尚未到达其他行星,还有漫长的太空征程等待人类去走。

宇宙的魅力,宇宙探索的挑战性,宇宙蕴涵的丰富科学问题,无疑为青年人展示自己的潜力、为人类提升创造力,提供了无与伦比的舞台。有志者应像伽利略那样,无畏艰险,执著追求,不断探索,不断开拓新的科学领域,深化人类对宇宙的认识。人们纪念伽利略,不仅是为了纪念他对科学的巨大贡献,更要学习、继承和发扬伽利略的勇于创新、善于创新和为科学真理而献身的精神,为提高我国的自主创新能力、建设创新型国家,不断做出创新贡献。

编辑说明

　　这套书中的个别报告曾经在其他场合讲过,或曾经在其他刊物发表,为了保持报告完整性并加以更广泛的科普宣传,仍将其收入书中。为了统一风格,所附参考文献不再列出,敬请谅解。

　　书中所配插图主要系编辑所加,其中大部分取得了版权所有者的授权。由于时间紧急,个别图片尚未联系到版权人,敬请图片作者与北京大学出版社联系。联系电话(010)62767857。